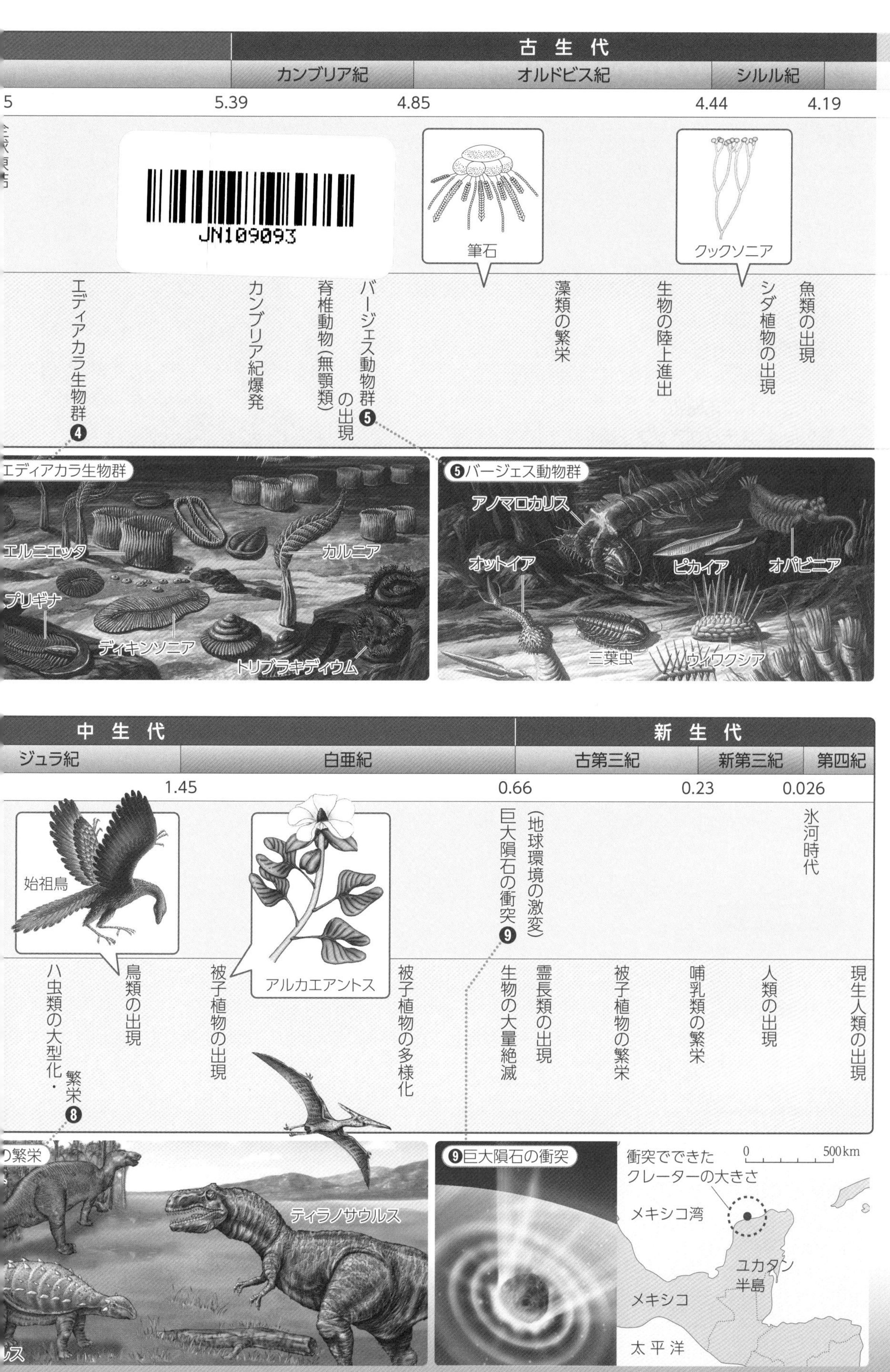
古生代
カンブリア紀
オルドビス紀
シルル紀
5
5.39
4.85
4.44
4.19
筆石
クックソニア
エディアカラ生物群❹
カンブリア紀爆発
脊椎動物（無顎類）の出現
バージェス動物群❺
藻類の繁栄
生物の陸上進出
シダ植物の出現
魚類の出現
エディアカラ生物群
エルニエッタ
カルニア
プリギナ
ディキンソニア
トリブラキディウム
❺バージェス動物群
アノマロカリス
オットイア
ピカイア
オパビニア
三葉虫
ウィワクシア
中生代
新生代
ジュラ紀
白亜紀
古第三紀
新第三紀
第四紀
1.45
0.66
0.23
0.026
始祖鳥
アルカエアントス
巨大隕石の衝突❾
（地球環境の激変）
氷河時代
ハ虫類の大型化・繁栄❽
鳥類の出現
被子植物の出現
被子植物の多様化
生物の大量絶滅
霊長類の出現
被子植物の繁栄
哺乳類の繁栄
人類の出現
現生人類の出現
繁栄
ティラノサウルス
ス
❾巨大隕石の衝突
衝突でできた
クレーターの大きさ
0
500km
メキシコ湾
ユカタン
半島
メキシコ
太平洋

本書の構成と利用法

■本書の構成

①本書は，高等学校『地学基礎』の基本を着実に理解するための書き込み式の問題集です。学習内容を 44 のテーマに分け，1 テーマは見開き 2 ページにまとめ，学習しやすくしています。
②各テーマは，「**学習のまとめ**」（左ページ）と「**練習問題**」（右ページ）で構成し，「**学習のまとめ**」の末尾には「**説明してみよう**」を設けています。
③「**練習問題**」の右欄には，適宜「**ヒント**」を設け，問題の解法の手がかりとなる知識を簡潔に記しました。
④各章末には「**章末問題**」を設けています。
⑤巻末には「**ステップアップ**」を設けています。
⑥知識・技能を要する問題には **知識**，思考力・判断力・表現力を要する問題には **思考** のマークを付しています。
◎解答編の各テーマの末尾に「**用語 check**」を設けています。

■本書の利用法

学習のまとめ

●教科書の学習事項をもとにして，説明文と図や表を組み合せ，空欄の補充や，図の色分けなどの作業（ **ワーク**▶）を通じて，学習事項を整理できるよう工夫しています。解答がわからないときには，教科書を読み返して記入することで，より効果的な学習が可能です。
●「**説明してみよう**」は，「**学習のまとめ**」の内容に関連した記述式の問題を 1 つ取り上げています。

練習問題

●各テーマの学習内容について，基礎的な知識が身についているかどうか確認できる問題を取り上げています。学習事項をじゅうぶんに理解したうえで取り組み，理解度の自己チェックに役立ててください。
●各問題には，チェック欄（☑）を設けました。確実に解答できるまで，くり返し取り組んでください。

章末問題

●各章の学習事項が理解できているかどうか確認できる総合的な問題を取り上げています。
●定期テスト前の復習にも利用できます。

ステップアップ

●記述式や，図の読み取りなど，思考力・判断力・表現力を身に付けられる問題を取り上げています。
●共通テスト対策にも利用できます。

用語 Check

●各テーマの学習事項に関連する代表的な用語を選び，その意味を簡潔に説明しました。

■学習支援サイト（プラスウェブ）のご案内

スマートフォンやタブレット端末などを使って，Self Check のデータをダウンロードできます。
https://dg-w.jp/b/7ab0001

［注意］コンテンツの利用に際しては，一般に，通信料が発生します。

目次

Contents

第1章 地球のすがた

1 地球の形と大きさ／地球の形の特徴と大きさ …… 2
2 地球の内部構造／地球内部の動き …… 4
3 プレートの分布と運動／プレートの境界 6
4 地殻の変動と地質構造 …… 8
5 変成作用 …… 10
6 大地形の形成 …… 12
第1章 章末問題 …… 14

第2章 地球の活動

7 地震の発生と分布 …… 16
8 地震波の伝わり方 …… 18
9 日本付近で発生する地震①／日本付近で発生する地震② …… 20
10 火山の分布／火山の形成とマグマ …… 22
11 火山の噴火／火山の地形 …… 24
12 火成岩の形成 …… 26
13 火成岩の種類 …… 28
第2章 章末問題 …… 30

第3章 大気と海洋

14 大気の構成と特徴①／大気の構成と特徴② 32
15 対流圏における水の変化 …… 34
16 太陽放射と地球放射 …… 36
17 地球を出入りするエネルギー …… 38
18 エネルギー収支の緯度分布 …… 40
19 風 …… 42
20 大気の大循環①／大気の大循環② …… 44
21 海洋の構造／海洋の大循環 …… 46
22 エルニーニョ現象とラニーニャ現象 … 48
第3章 章末問題 …… 50

第4章 宇宙と地球

23 宇宙の探究／宇宙の始まり① …… 52
24 宇宙の始まり② …… 54
25 太陽の誕生／太陽の活動 …… 56
26 太陽系の構造／太陽系の誕生① …… 58
27 太陽系の誕生② …… 60
28 太陽系の惑星 …… 62
29 生命の惑星・地球 …… 64
第4章 章末問題 …… 66

第5章 生物の変遷と地球環境

30 地層の形成／地層の重なりと広がり … 68
31 堆積岩 …… 70
32 化石と地質時代①／化石と地質時代② 72
33 先カンブリア時代①／先カンブリア時代② 74
34 古生代① …… 76
35 古生代② …… 78
36 中生代 …… 80
37 新生代① …… 82
38 新生代② …… 84
第5章 章末問題 …… 86

第6章 地球の環境

39 気候変動／地球温暖化による変化 …… 88
40 オゾン層の変化 …… 90
41 自然の恩恵／季節の変化 …… 92
42 気象災害①／気象災害② …… 94
43 地震災害／地震による被害の軽減 …… 96
44 火山災害と防災 …… 98
第6章 章末問題 …… 100

ステップアップ …… 102

●教科書 p.6～9

1 地球の形と大きさ／地球の形の特徴と大きさ

学習のまとめ

1 地表のようす

地球の表面は，約(1　　　)%が陸地であり，約(2　　　)%は海洋である。

陸地の平均の高さは約(3　　　)m，海底の平均の深さは約(4　　　)mである。

地表の起伏は地球全体から見るとわずかなものであり，地表の大部分は(5　　　)な地形といえる。

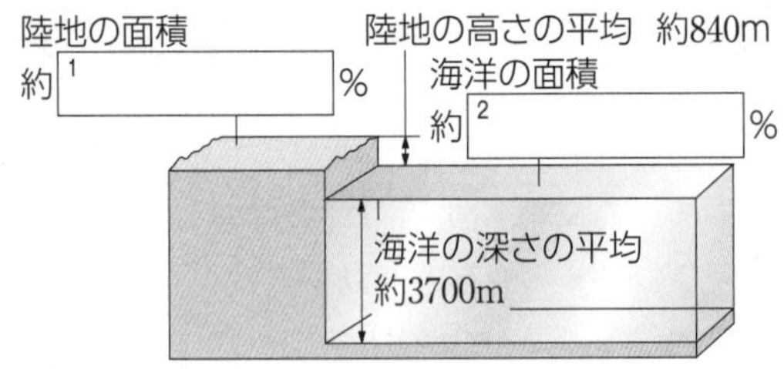

2 球形の地球

(6　　　)は，地球が球形である証拠として，以下のことをあげた。

・(7　　　)のときに月に映る地球の影が円い。

・南へ行くと見える星座が異なる。

3 エラトステネスの測定…紀元前3世紀

(8　　　)は，地球が完全な(9　　　)であると考え，地球の大きさを求めた。シエネがアレクサンドリアの真南にあるものとして，2地点間の距離が900km，その中心角が7.2°であることから，地球の周囲をおよそ(10　　　)kmと計算した。

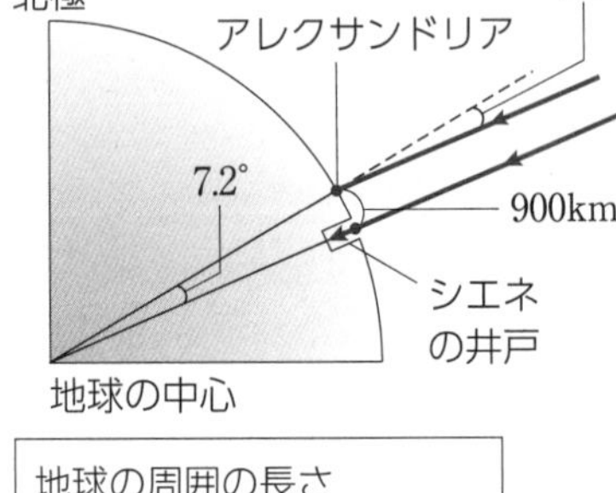

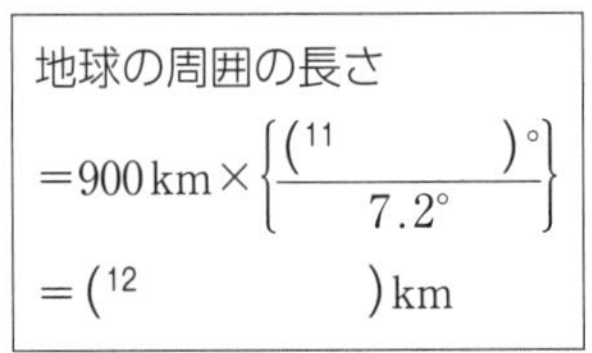
地球の周囲の長さ

$=900\,\text{km}\times\left\{\frac{(^{11}\quad)^\circ}{7.2^\circ}\right\}$

$=(^{12}\quad)$km

4 正確な地球の形

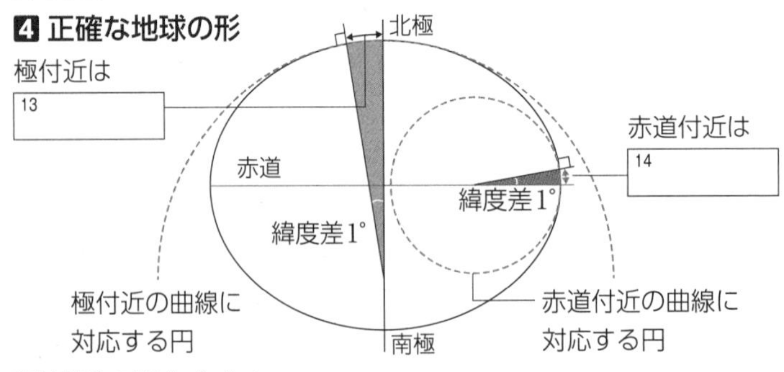

5 地球の形と大きさ

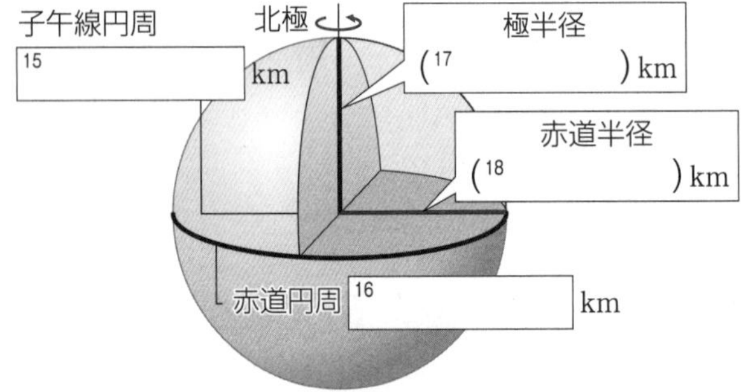

地球の両極を通る断面は，(19　　　)方向に膨らんだ楕円となっている。

地球の赤道半径と極半径をもつ楕円を，地軸のまわりに回転させてできる回転楕円体を(20　　　)という。

楕円の膨らみぐあいは，(21　　　)で表され，地球はおよそ(22　　　)である。

説明してみよう！ 思考

地球楕円体とはどのような形か。「回転楕円体」を用いて，20字以内で説明せよ。

➡まとめ 1

練習問題

学習日：　　月　　日／学習時間：　　分

知識

1. 地球の形と大きさ　次の文章を読み，以下の各問いに答えよ。

地球には，大山脈や巨大な谷が存在するが，地球全体で考えると，地表の大部分は(　ア　)な地形である。

アリストテレスは，月食のときに月に映る地球の(　イ　)が円いことなどを証拠として，地球は球形であると説明した。

エラトステネスは，アレクサンドリアとシエネの太陽高度の差と，その 2 地点の間の(　ウ　)から，地球の周囲の長さを約 45000 km と計算した。

(1)　文章中の空欄に適する語句を記入せよ。

(2)　現在知られている地球の周囲の長さはおよそ何 km か。

1　➡まとめ 1 2 3

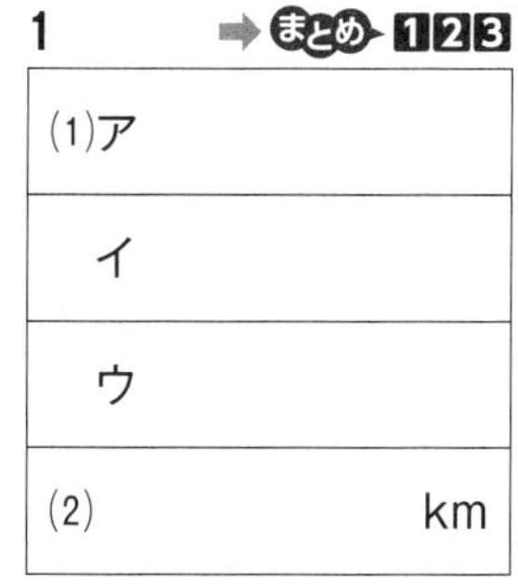

知識

2. 地球の大きさ　新潟市(A)と前橋市(B)は，ほぼ同一子午線上にあり，緯度はそれぞれ北緯 37.9° と北緯 36.4° である。両都市間は 167.7 km 離れている。

(1)　図の空欄 a ～ c に適する数値を答えよ。

(2)　B が A の真南にあるものとして，地球の子午線円周の長さを計算したとき，求められる値として最も適当なものをア～エから選べ。

ア　40128 km　　イ　40248 km

ウ　40368 km　　エ　40488 km

北緯 a °　北極　A　北緯 b °　B　c °　赤道

2　➡まとめ 3

(1)a

b

c

(2)

ヒント　緯度の差が，子午線弧の中心角となる。

知識

3. 地球楕円体　次の文の下線部について，正しいものには○を，誤っているものには正しい語句を記入せよ。

(1)　人工衛星によって測定された地球の赤道半径は，極半径よりも約 20 km <u>短い</u>。

(2)　地球楕円体をつくるときの回転の軸は<u>地軸</u>である。

(3)　地球楕円体の緯度 1° あたりの子午線の長さは，<u>低緯度</u>ほど長い。

(4)　実際の地球の形に非常に近い回転楕円体を<u>地球楕円体</u>という。

3　➡まとめ 4 5

(1)

(2)

(3)

(4)

思考

4. 地球の形　次の文章を読み，以下の問いに答えよ。

地球の赤道半径は(　ア　)km，極半径は(　イ　)km であり，偏平率は約(　ウ　)である。地球の赤道半径と極半径をもつ楕円を，両極を結ぶ地軸のまわりに回転させてできる回転楕円体を□という。

(1)　文章中の空欄ア～ウに適する語句や数値を，以下の語群から選べ。

【語群】　$\frac{1}{300}$　$\frac{1}{30}$　$\frac{1}{3}$　6346　6357　6378　6399

(2)　文章中の□に適切な語句を記入せよ。

(3)　赤道半径が 30 cm の地球儀を考えたときに，極半径の長さは何 cm になるか。小数第一位まで求めよ。

4　➡まとめ 5

(1)ア

イ

ウ

(2)

(3)　cm

ヒント　赤道半径：極半径＝30：x という式を立て，計算する。

第1章　地球のすがた

●教科書 p.10～13

地球の内部構造／地球内部の動き

学習のまとめ

1 地球の層構造

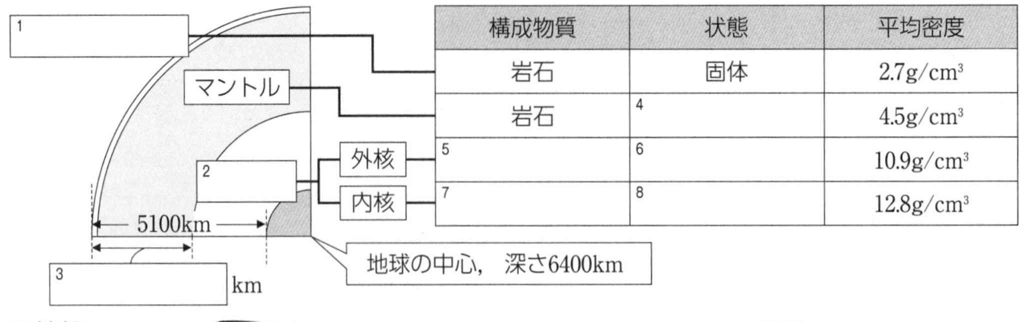

	構成物質	状態	平均密度
1	岩石	固体	2.7g/cm³
マントル	岩石	4	4.5g/cm³
外核	5	6	10.9g/cm³
内核	7	8	12.8g/cm³

▶地殻

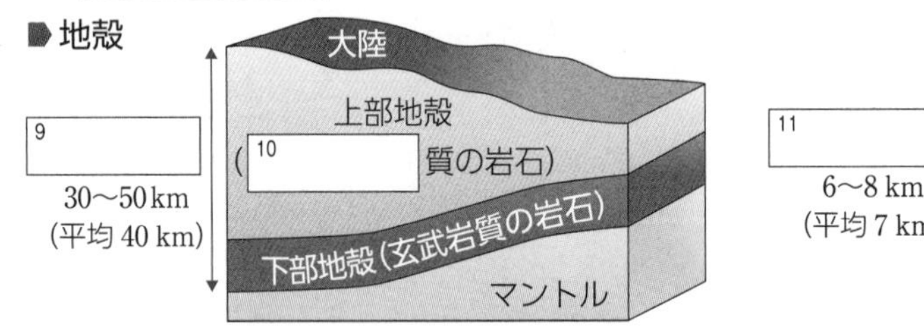

大陸地殻…厚さが 30～50 km と厚く，上部地殻と下部地殻に分けられる。

海洋地殻…厚さが 6 ～ 8 km と薄く，ほとんどが玄武岩質の岩石からできている。

▶マントル

マントルは地殻よりも(12 　　　　　)の大きな岩石からできている。

地殻とマントルの境界を(13 　　　　　　　　　　)とよぶ。

▶外核と内核

核は金属からできており，その主な成分は(14 　　　　　)である。深さ約 5100 km までは(15 　　　　　)の状態で外核，それよりも深部は(16 　　　　　)の状態で内核とよばれる。

2 地球内部の動き

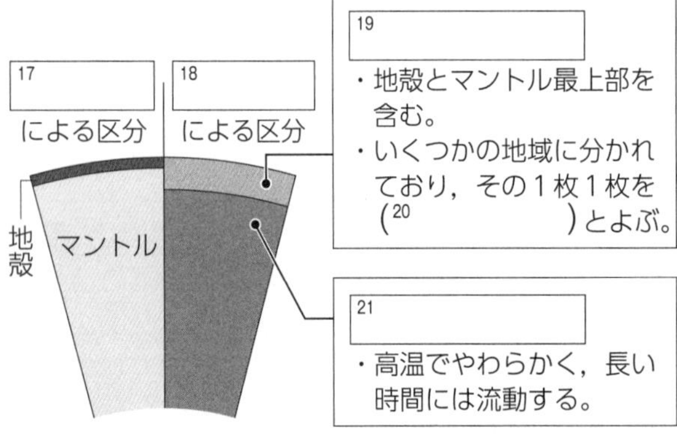

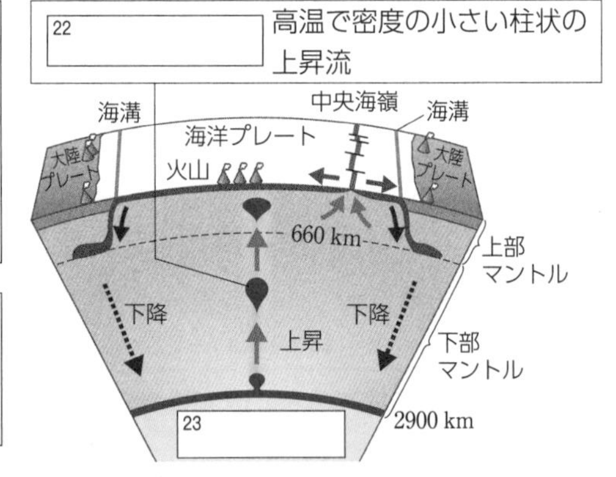

説明してみよう！ 思考

マントル内にあるプルームの特徴を，温度や密度に着目して，20字以内で説明せよ。

									10										20

➡まとめ 2

知識

5. 地球の層構造 次の(1)～(4)の文について，正しいものには○，誤っているものには×を記入せよ。

(1) 核の密度は，マントルや地殻の密度と比べると小さい。
(2) 地殻とマントルの境界面をモホロビチッチ不連続面という。
(3) 地殻は，マントルや核よりも厚い。
(4) 外核は，液体の金属でできている。

知識

6. 地球の層構造 次の図は，地球の内部を物質によって区分したものである。以下の各問いに答えよ。

(1) 図の①～④の各層の名称を答えよ。
(2) 図のａ，ｂの境界面の深さを答えよ。
(3) 図の①～④のうち，主に金属からできている層はどれか。すべて答えよ。

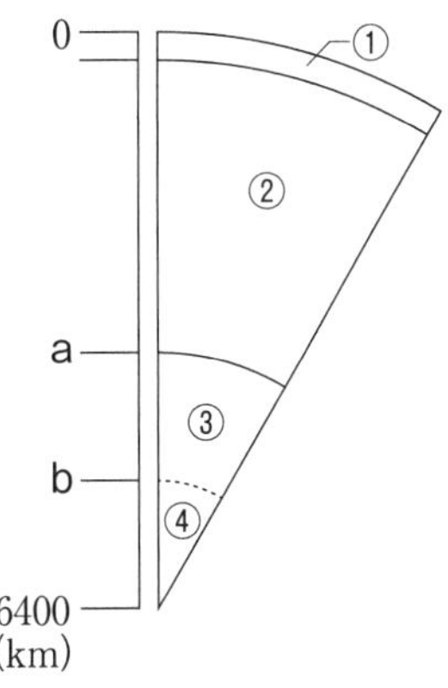

知識

7. 大陸地殻と海洋地殻 次の表は，大陸地殻と海洋地殻についてまとめたものである。空欄にあてはまる語句や数値を，語群から選べ。同じ語句を２度用いてよい。

	大陸地殻	海洋地殻
厚さ	（ ア ）km	（ イ ）km
岩石の種類	上部地殻は（ ウ ）質の岩石が多く，下部地殻は（ エ ）質の岩石が多い	ほとんどが（ オ ）質の岩石からなる
密度	海洋地殻よりも（ カ ）	大陸地殻よりも（ キ ）

【語群】 大きい　小さい　花こう岩　玄武岩
6～8　30～50

知識

8. 地球内部の動き 次の文の下線部について，正しいものには○を，誤っているものには正しい語句を記入せよ。

(1) マントル内部の高温の上昇流を<u>プルーム</u>という。
(2) <u>リソスフェア</u>はやわらかく，流動する性質をもつ。
(3) 地表付近を構成するかたい岩石層を<u>アセノスフェア</u>とよぶ。

5 ➡まとめ 1

(1)	(2)
(3)	(4)

6 ➡まとめ 1

(1)①
②
③
④
(2)a km
b km
(3)

7 ➡まとめ 1

ア
イ
ウ
エ
オ
カ
キ

ヒント 大陸地殻は海洋地殻よりも厚い。

8 ➡まとめ 2

(1)
(2)
(3)

3 プレートの分布と運動／プレートの境界

●教科書 p.18～21

学習のまとめ

1 プレートの分布と種類

地球表面を覆う(1　　　　　)には，それぞれ名前がつけられている。また，プレートには，大陸地域を含む(2　　　　　)プレートと海洋地域を含む(3　　　　　)プレートがある。

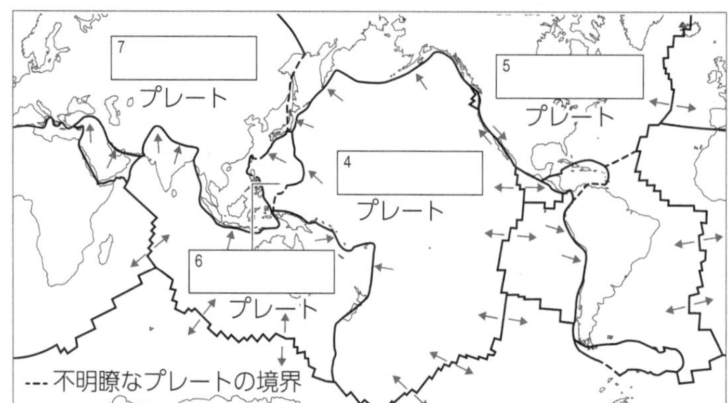

日本列島は，プレートの収束境界に位置している。(4　　　　　)プレートは，(5　　　　　)プレートとフィリピン海プレートの下に，(6　　　　　)プレートは(7　　　　　)プレートの下に沈み込んでいる。

ワーク 日本列島をとりまく 4 枚のプレートを色鉛筆で薄く塗れ。

2 プレートの境界

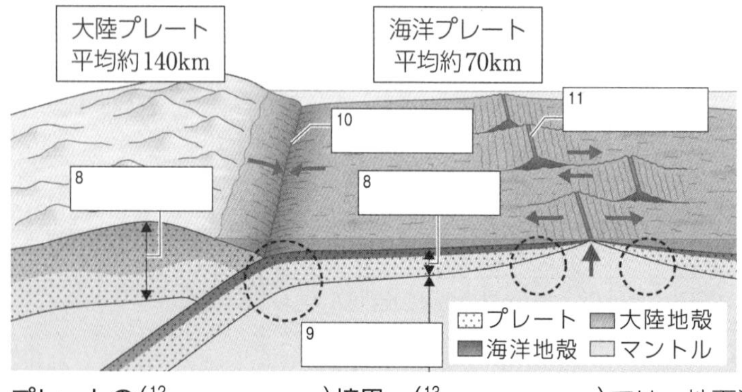

ワーク 図中の◯の中にプレートの移動方向を矢印で記入せよ。

プレートの(12　　　　　)境界…(13　　　　　)では，地下深部から湧き上がってきたマグマが固まることによって，海洋プレートが生成される。

プレートの(14　　　　　)境界…密度の大きい海洋プレートは，自らの重みで(15　　　　　)から大陸プレートの下に沈み込む。この部分を(16　　　　　)という。また，大陸プレートが別の大陸プレートと衝突して重なり，大山脈を形成する部分を(17　　　　　)という。

プレートの(18　　　　　)境界…2 つのプレートが互いに横にずれる境界は(19　　　　　)断層になっている。

3 海洋プレートの形成年代

海洋プレートの年代は，中央海嶺から離れるほど(20　　　　　)くなる。たとえば，マリアナ海溝に沈み込む直前の太平洋プレートの年代は(21　　　　　)年前である。

説明してみよう！ 思考

日本列島は，プレートのどのような境界に位置しているか。20字以内で説明せよ。

➡ まとめ 1

練習問題

学習日： 月 日／学習時間： 分

知識

9. プレート 次の(1)～(6)の文について，正しいものには○を，誤っているものには×を記入せよ。

(1) プレートは，地球の表面を覆うかたい岩石層であり，動かない。
(2) プレートを形成する岩石層をリソスフェアという。
(3) 海洋プレートは，中央海嶺で地下深部から湧き上がってきたマグマが固まることで生成される。
(4) 海洋プレートは，中央海嶺から遠ざかるにしたがって薄くなる。
(5) 海溝では，海洋プレートが大陸プレートの下に沈み込んでいる。
(6) 海洋プレートの年代は，中央海嶺に近いところよりも海溝に近いところの方が新しい。

9 ➡まとめ 1 2 3

(1)
(2)
(3)
(4)
(5)
(6)

知識

10. プレートの生成と移動 次の図について，以下の各問いに答えよ。

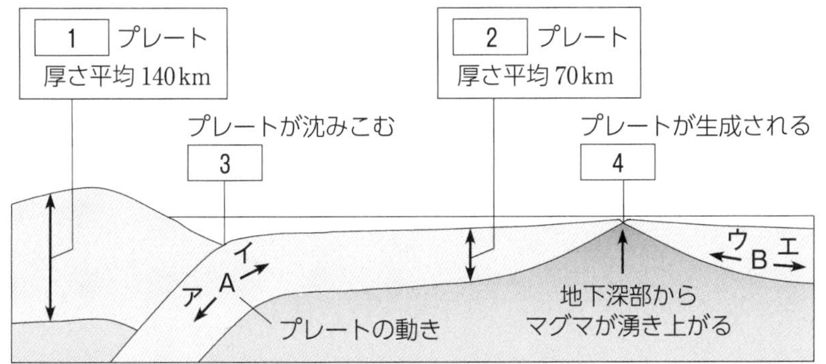

(1) 図中の空欄1～4にあてはまる適語を答えよ。
(2) A・B地点で，プレートの移動方向として，正しいものをア～エからそれぞれ選べ。
(3) 日本列島付近で，[1]プレートに相当するものを次から選べ。
ア フィリピン海プレート イ ユーラシアプレート
(4) 日本列島付近で，[2]プレートに相当するものを次から選べ。
ア 太平洋プレート イ 北アメリカプレート

10 ➡まとめ 1 2

(1) 1
2
3
4
(2) A
B
(3)
(4)

知識

11. プレートの性質 次の各文について，〔 〕内の語句から，適当なものを選んで記入せよ。

(1) 2つのプレートが互いに横にずれる境界の断層は，〔ア 逆断層，トランスフォーム断層〕とよばれる。この断層は，プレートの〔イ すれ違い境界，発散境界〕となっている。
(2) 大陸プレートは，厚さが平均 140km と厚く，密度は〔ア 小さい，大きい〕。海洋プレートは，厚さが平均 70km と薄く，大陸プレートと比較すると年代は〔イ 新しい，古い〕。

11 ➡まとめ 2 3

(1) ア
イ
(2) ア
イ

●教科書 p.22～23

地殻の変動と地質構造

学習のまとめ

1 断層

プレートの運動などによる力が地層や岩石に加わると，(1　　　　　)が蓄積されていく。

地層や岩石がある面で断ち切られ，その面に沿って両側が(2　　　　　)ことがある。このような変形を(3　　　　　)とよび，ずれた面を(4　　　　　)という。

正断層…上盤が重力の向きに(5　　　　　)ものを正断層という。

逆断層…上盤が重力とは逆の向きに(6　　　　　)ものを逆断層という。

横ずれ断層…両側の地盤が互いに(7　　　　　)にずれるものを横ずれ断層という。

8　　　　　断層　　9　　　　　断層　　10　　　　　断層

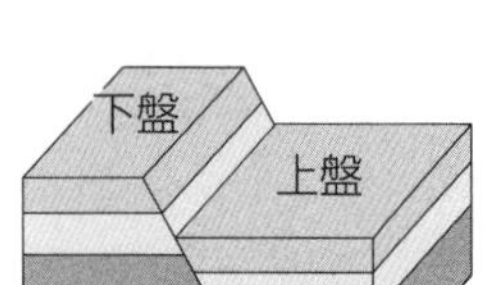

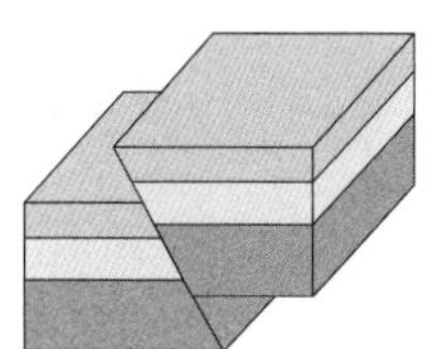

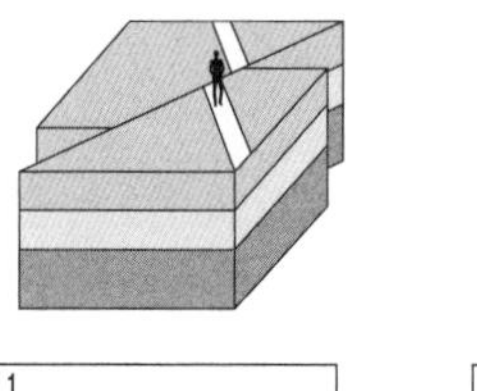

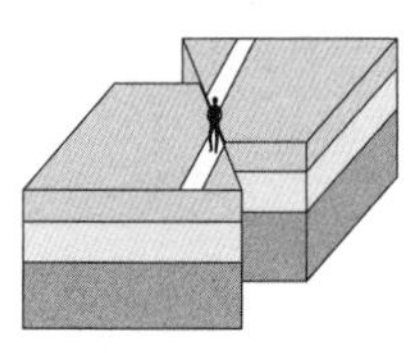

11　　　　　断層　　12　　　　　断層

ワーク ▶断層がずれる向きを，それぞれの図中に赤の矢印で記入せよ。

▶活断層

最近数十万年の間に活動を(13　　　　　)，今後も活動する(14　　　　　)をもつ断層を活断層という。

▶プレートの運動と断層

中央海嶺や地溝帯…(15　　　　　)断層が形成されやすい。

沈み込み帯や衝突帯…(16　　　　　)断層や横ずれ断層が形成されやすい。

2 褶曲

地層が，(17　　　　　)に曲がっている変形を(18　　　　　)という。

盛り上がった部分を(19　　　　　)，へこんだ部分を(20　　　　　)という。

かたい地層や岩石であっても，地下深くで長期間(21　　　　　)する力が加わり続けると地層や岩石は褶曲する。

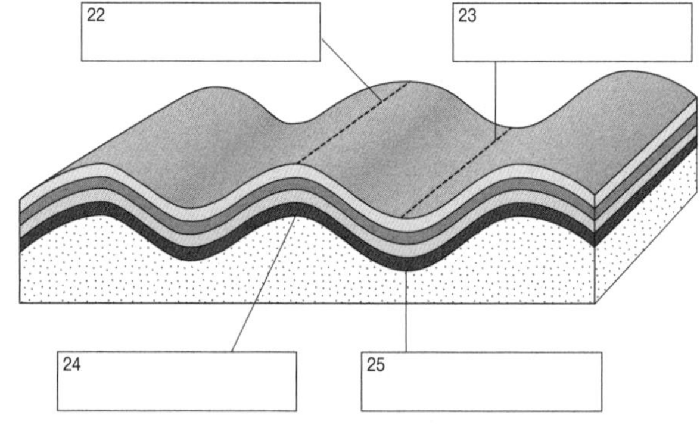

説明してみよう！　思考

日本列島には，圧縮する力が働くことによってできた山地が多い。このような山地ができるしくみを，「逆断層」を用いて，25字以内で説明せよ。

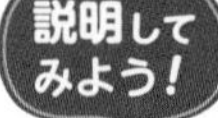

➡まとめ 1

練習問題

学習日：　　月　　日／学習時間：　　分

知識

12. 断層　次の表は，断層の性質についてまとめたものである。表の(a)～(f)にあてはまるものを，ア～カから選び記号で答えよ。

断層名	断層が生じる際の状況	ずれる向き
正断層	(a)	(d)
逆断層	(b)	(e)
横ずれ断層	(c)	(f)

ア　地層や岩石が，横に短縮する状況
イ　地層や岩石が，横に伸張する状況
ウ　地層や岩石が，水平のある方向に短縮し，それと直交する方向に伸張する状況
エ　断層をはさんだ向こう側が右(または左)に移動する。
オ　上盤が重力の向きに移動する。
カ　上盤が重力とは逆の向きに移動する。

知識

13. 断層　(ア)～(ウ)の断層の形式を語群から選べ。

(ア)
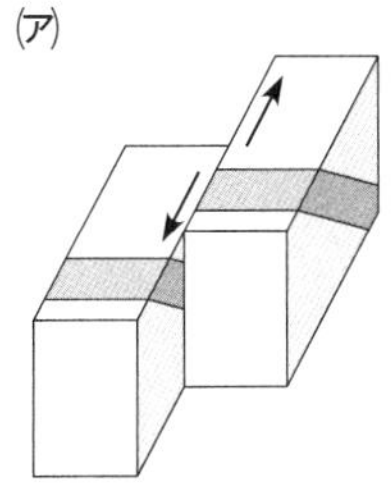

(イ)
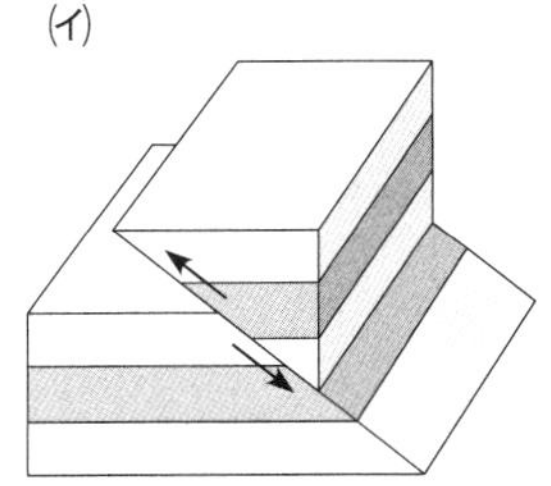

(ウ)
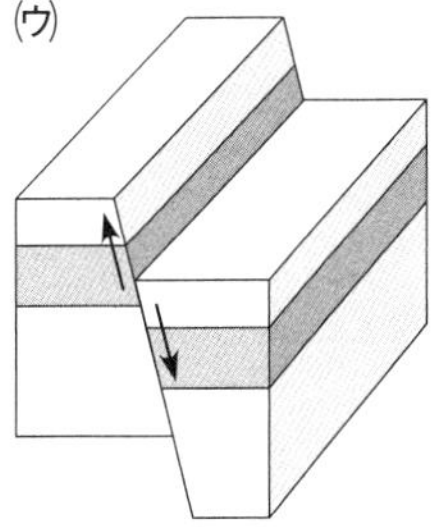

【語群】　正断層　逆断層　右横ずれ断層　左横ずれ断層

知識

14. プレートの運動と断層　次の文の下線部について，正しいものには○を，誤っているものには正しい語句を記入せよ。
(1)　中央海嶺や<u>海溝</u>では正断層が形成されやすい。
(2)　プレートの運動によって，日本列島には<u>圧縮する力</u>が働いている。
(3)　日本列島には，<u>正断層</u>がくり返し活動することでできた山地が多い。
(4)　沈み込み帯や衝突帯では，<u>逆断層</u>や横ずれ断層が形成されやすい。

知識

15. 褶曲　次の図を見て，以下の各問いに答えよ。
(1)　次の①，②は図のどの位置にあてはまるか。ア～エから選べ。
　①　背斜
　②　向斜
(2)　地層に働いた力は図のA，Bのいずれか。
(3)　断層や褶曲を生じたり，大地が隆起・沈降することを総称して何とよぶか。

ア　イ　A　A　B　B　ウ　エ

12 ➡まとめ 1

(a)
(b)
(c)
(d)
(e)
(f)

13 ➡まとめ 1

(ア)
(イ)
(ウ)

ヒント　断層に向かって立ち，断層の向こう側が右(左)に動いた場合を右(左)横ずれ断層という。

14 ➡まとめ 1

(1)
(2)
(3)
(4)

15 ➡まとめ 2

(1)①
②
(2)
(3)

ヒント　褶曲は地層を圧縮する力が働くと生じる。

変成作用

学習のまとめ

1 変成作用

火成岩や堆積岩が，地下深部で温度や(1　　　　　)の影響を受けたり，マグマの貫入によって(2　　　　　)が上昇したりすると，固体のまま組織や(3　　　　　)の種類が変わり，もとの岩石とは違った岩石になる。このような作用を(4　　　　　)という。

2 広域変成作用

変成岩の多くは，(5　　　　　)や衝突帯の地下深部で形成される。

(6　　　　　)の運動に伴って運び込まれた海底の(7　　　　　)や大陸地殻の岩石が，高い温度や高い(8　　　　　)のもとで変成作用を受ける。

この作用を(9　　　　　)とよび，このようにしてできた変成岩を(10　　　　　)という。

火山

11

12

13

14

■ 広域変成作用でできた変成岩

(15　　　　　)…新しい鉱物が生成され，一方向に配列する(16　　　　　)が形成される。板状に(17　　　　　)性質をもつ。

(18　　　　　)…新たに生じた(19　　　　　)の鉱物が組み合わさり，白と黒の縞模様を示す(20　　　　　)が形成される。

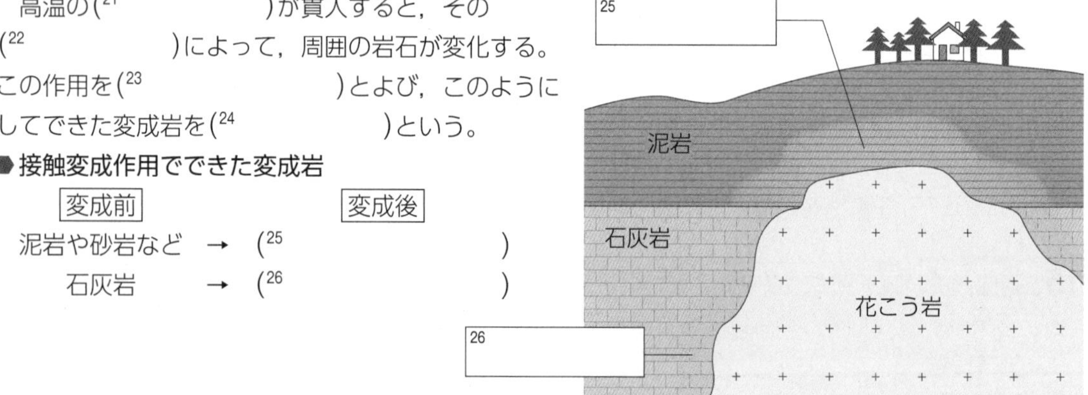

3 接触変成作用

高温の(21　　　　　)が貫入すると，その(22　　　　　)によって，周囲の岩石が変化する。この作用を(23　　　　　)とよび，このようにしてできた変成岩を(24　　　　　)という。

■ 接触変成作用でできた変成岩

変成前		変成後
泥岩や砂岩など	→	(25　　　　　)
石灰岩	→	(26　　　　　)

説明してみよう！ 思考

広域変成岩の多くは，どのようなところで形成されるか。15字以内で説明せよ。

➡ まとめ 1

練習問題

知識
16. 変成岩と変成作用
図のA，Bはそれぞれ変成作用を表している。

変成前　A→　変成後　　変成前　B→　変成後

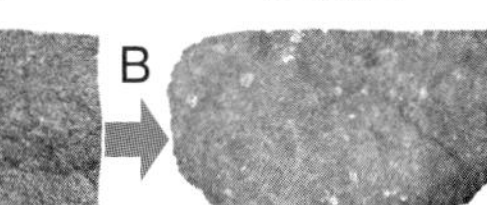

泥岩　片岩　石灰岩　結晶質石灰岩

(1) A，Bの変成作用がもつ特徴を，次の中からそれぞれ選べ。
[条件]　温度と圧力の上昇　　温度の上昇
[作用]　接触変成作用　　広域変成作用

(2) 次の説明文は，片岩または結晶質石灰岩の特徴を説明している。片岩を表すものにはaを，結晶質石灰岩を表すものにはbを記入せよ。
ア　鉱物が一方向に配列している。
イ　$CaCO_3$ が主成分である。
ウ　粗粒の方解石の結晶が見られる。
エ　板状に割れやすい性質をもつ。

知識
17. 広域変成作用と接触変成作用
次の各文の下線部について，正しいものには○を，誤っているものには，正しい語句を記入せよ。
(1) 接触変成作用は，温度と圧力が作用する地下深部でおこる。
(2) 片岩や片麻岩は，代表的な広域変成岩である。
(3) 石灰岩が，熱による変成を受けるとホルンフェルスになる。
(4) 岩石が温度や圧力の影響で違った岩石になる作用を変成作用という。

知識
18. 広域変成岩と接触変成岩
次のア～オは，広域変成岩と接触変成岩のどちらを説明したものか分類せよ。
ア　結晶質石灰岩やホルンフェルスがある。
イ　片岩や片麻岩がある。
ウ　沈み込み帯や衝突帯の地下深部でできる。
エ　高温のマグマが貫入するとその熱でできる。
オ　片状組織や片麻状組織が形成される。

思考
19. 広域変成岩と接触変成岩
次の偏光顕微鏡写真と説明文について，それぞれ片岩と結晶質石灰岩のどちらにあてはまるか答えよ。

①
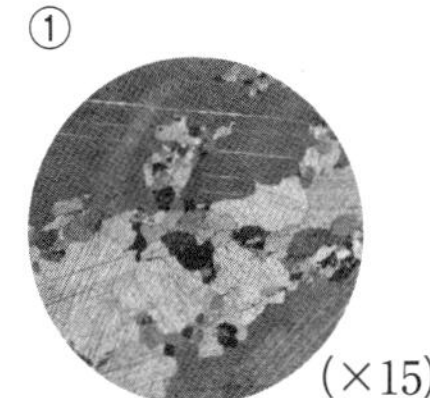
(×15)
$CaCO_3$ の粗粒の結晶からなる。

②

(×93)
鉱物が一方向に配列している。

16 ➡ まとめ 1 2 3

(1) A [条件]
[作用]
B [条件]
[作用]
(2) ア
イ
ウ
エ

17 ➡ まとめ 1 2 3

(1)
(2)
(3)
(4)

18 ➡ まとめ 2 3

広域変成岩
接触変成岩

19 ➡ まとめ 2 3

①
②

ヒント　広域変成岩の鉱物は一方向に配列したものが多い。

6 大地形の形成

学習のまとめ

1 造山帯

プレートの(1　　　　　　)では，広域変成作用や火山活動などがおこる。こうして(2　　　　　　)は厚みを増し，大山脈が形成される。このような一連の地殻変動を(3　　　　　　)とよび，形成された帯状の地域を(4　　　　　　)という。

2 大陸地殻の形成

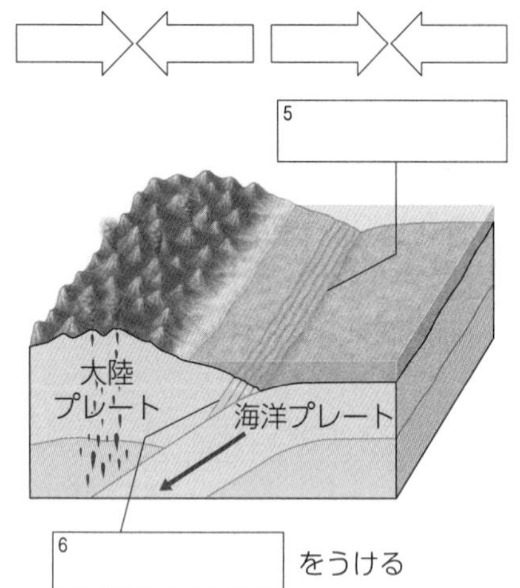

ワーク ▶図の上部の矢印のうち，左右のプレートに働いている力の向きとして，正しいものを塗りつぶせ。

・海洋プレートの一部が大陸プレートの縁に付け加わって(7　　　　　　)になる。
・付加体の一部は(8　　　　　　)となる。
・大陸プレートの下では(9　　　　　　)が発生し，地表では火山が噴火する。

例　大陸の縁に形成された(10　　　　　　)や日本列島のような(11　　　　　　)

3 大陸地殻の成長

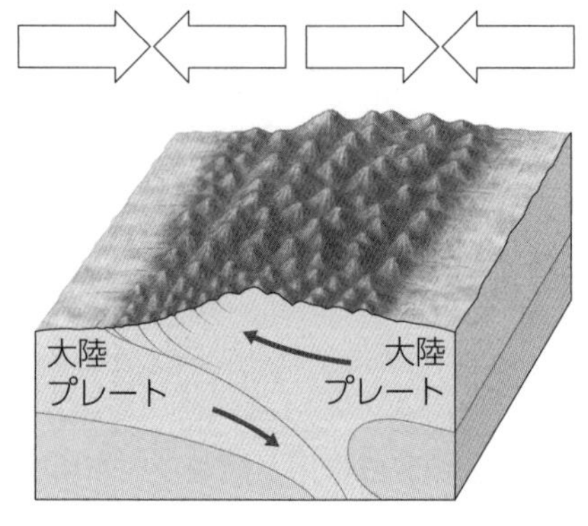

・軽い(12　　　　　　)は沈み込めず重なり合い，(13　　　　　　)や幅を増す。
・造山運動に伴って逆断層や(14　　　　　　)，広域変成岩などが形成されている。
・大山脈や広い高原が形成される。

例　アルプス山脈や(15　　　　　　)山脈

4 プレートテクトニクス

海嶺や海溝の形成，造山運動，火山活動，(16　　　　　　)の発生など，地球表層部でおこっているさまざまな現象は，プレート運動，特に(17　　　　　　)における相互運動によって統一的に説明することができる。このような考え方を(18　　　　　　)という。

5 地表面の高度分布

大陸地域には，標高 0～(19　　　　　　)m の平野，平原，高原が多い。

海洋地域には，水深 4000～(20　　　　　　)m の(21　　　　　　)が広がっている。

説明してみよう！　思考

造山帯とは，どのような地域のことをいうか。「大山脈」を用いて，20字以内で説明せよ。

➡まとめ 1

									10										20

練習問題

学習日：　　月　　日／学習時間：　　分

知識

20. 大陸地殻の形成　次の図を見て，以下の各問いに答えよ。

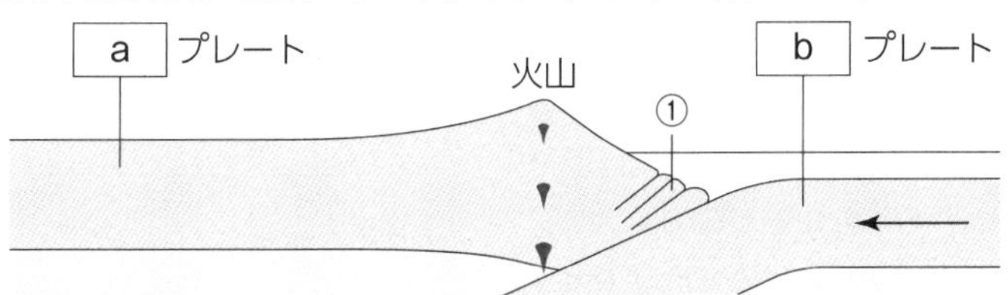

(1) 図中の①は何を示すか。
(2) a，b に入る適当な語句を答えよ。
(3) 現在，図に示すような変動がおきている地域を，次のア～ウから 1 つ選べ。
　ア　アルプス山脈　　イ　ヒマラヤ山脈　　ウ　アンデス山脈
(4) 造山帯をつくる地殻変動を何というか。

20 ➡まとめ 1 2

(1)
(2) a
b
(3)
(4)

知識

21. 大地形の形成　次の図Ⅰ・図Ⅱは，大陸地殻の形成と成長のしかたを示している。以下の各問いにあてはまるものを，a ～ f の中からすべて選べ。

図Ⅰ
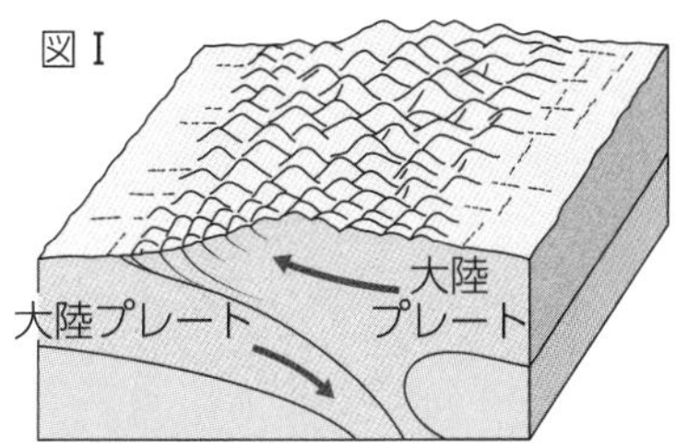

図Ⅱ
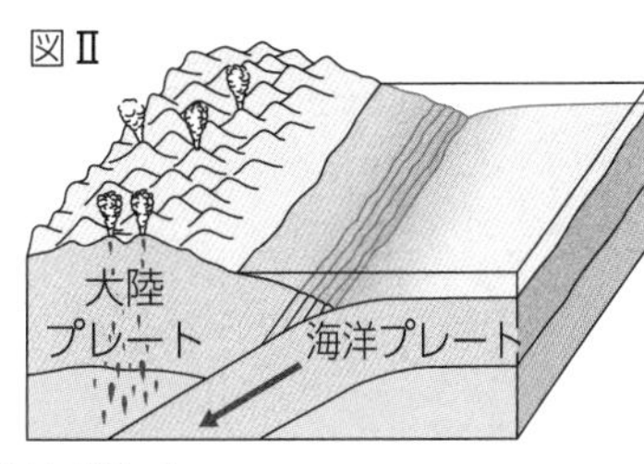

(1) 図Ⅰのタイプだけにあてはまる特徴はどれか。
(2) 図Ⅱのタイプだけにあてはまる特徴はどれか。
(3) 図Ⅰ，図Ⅱに共通する特徴はどれか。
　a　海溝がある。　　b　付加体が形成されつつある。
　c　地殻が著しく厚くなっている。　　d　褶曲が観察される。
　e　逆断層が形成される。　　f　中央海嶺がある。

21 ➡まとめ 1 2 3

(1)
(2)
(3)

ヒント　日本列島付近の地殻の厚さは 30～40km であるが，ヒマラヤ山脈のチベットでは，地殻の厚さが 70km を越すところもある。

知識

22. 大地形の形成　次の文の下線部について，正しいものには○を，誤っているものには正しい語句を記入せよ。

(1) インド亜大陸を含むプレートが<u>北アメリカプレート</u>に衝突して，ヒマラヤ山脈が形成された。
(2) プレートの収束境界では，<u>造山運動</u>がおこり，造山帯が形成される。
(3) 日本列島は，島が弧状に連なった<u>陸弧</u>である。
(4) 付加体の一部が地下深部にもたらされると<u>接触変成岩</u>になる。
(5) 大陸プレートの海溝に沿う部分では，大陸地殻が厚みを増し，<u>沈降</u>する。
(6) <u>プレートテクトニクス</u>という考え方にもとづくと，地球表層部のさまざまな現象は，プレートの運動によって説明できる。
(7) 地球の海洋地域には，水深 4000～5000m の<u>大洋底</u>が広がっている。

22 ➡まとめ 1 2 3 4 5

(1)
(2)
(3)
(4)
(5)
(6)
(7)

第1章 章末問題

学習日：　　月　　日／学習時間：　　分

思考

1 地球の形と大きさ　次の文章を読み，以下の各問いに答えよ。

エラトステネスは，夏至の日に，エジプト南部のシエネでは太陽が天頂を通るのに対し，シエネのほぼ真北にあるアレクサンドリアでは，太陽の南中時の高度が約82.8°であることを知った。2つの町の距離が約5000スタジア(約900km)であることから，エラトステネスは，計算によって地球の大きさを求めた。

問1　地球を完全な球とみなすと，シエネとアレクサンドリアの緯度差(地球の中心角)は約何°になるか。以下の語群から選べ。

0°　　7.2°　　23.7°　　82.8°

問2　地球を完全な球とみなすと，エラトステネスの計算では，地球の外周は約何kmになるか。以下の語群から選べ。

35000km　　40000km　　45000km

問3　実際の地球に近い形をした回転楕円体は，地球楕円体とよばれる。これを模式的に表した場合，最も近いものをア～ウから1つ選べ。

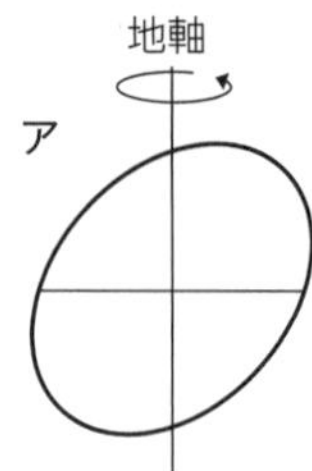

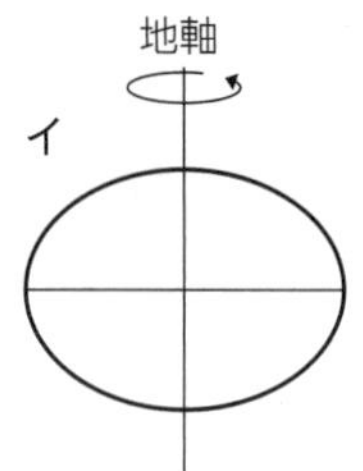

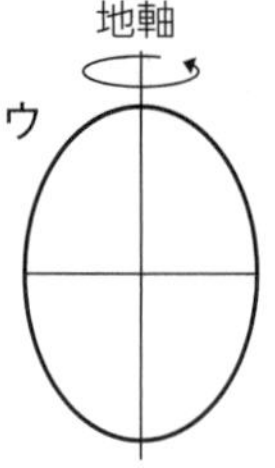

1	
問1	
問2	
問3	

知識

2 地球の内部構造　次の文章を読み，以下の各問いに答えよ。

地球の内部は，構成物質の種類と状態によって4つの層に分けられる。

地球の表層部Aは(　ア　)とよばれ，a 大陸地殻と海洋地殻に分けられる。

Bは(　イ　)とよばれ，上部は主に(　ウ　)からなる。

深さ2900kmから地球の中心までのCは(　エ　)とよばれる。これは，主に金属からできており，b 外核と内核に分けられる。

A
B
C

問1　文章中の空欄に適切な語句を記入せよ。

問2　下線部aについて，正しい説明を次の文の中から1つ選べ。

① 大陸地殻の上部は，主に玄武岩質の岩石からできている。
② 大陸地殻の上部の岩石は密度が小さく，下部の岩石は大きい。
③ 海洋地殻は厚さ30～50kmと厚い。

問3　下線部bについて，外核と内核を構成する物質の状態を，それぞれ答えよ。

2	
問1 ア	
イ	
ウ	
エ	
問2	
問3 外核	
内核	

📖知識

3 プレート　次の文章を読み，以下の各問いに答えよ。

地球の表面は，十数枚のプレートで覆われており，個々のプレートはそれぞれ異なった運動をしている。

地球の表層部をかたさで区分すると，かたい(　ア　)と，その下にある流動しやすい(　イ　)に分けられる。プレートは(　ウ　)にあたる。プレートは，1年間に数cmの速さで(　エ　)の上をそれぞれが水平に運動している。プレートとプレートの境界にあたる部分では，となり合うプレートの相互作用によって，地震や火山の活動が生じている。

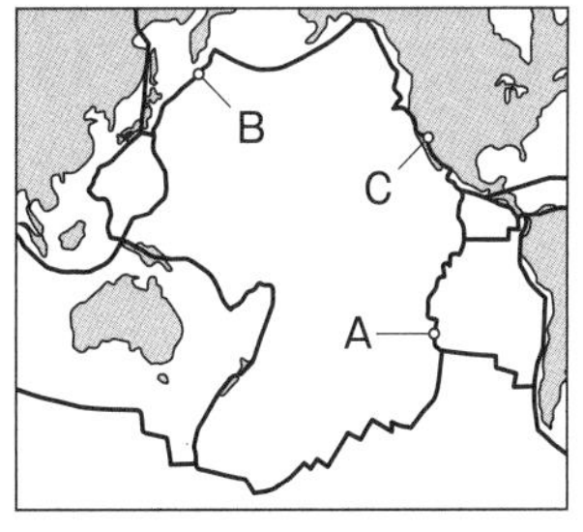

図1　太平洋周辺のプレート境界

問1　文章中の空欄に適切な語句を記入せよ。

問2　プレートの境界は3種類に分類される。次の表の空欄にあてはまる適切な語句を答えよ。

図	境界の種類	境界の地形
A	プレートの発散境界	(　a　)
B	プレートの(　b　)境界	海溝または造山帯
C	プレートのすれ違い境界	(　c　)断層

3

問1ア
イ
ウ
エ
問2 a
b
c

📖知識

4 地殻の変動と地質構造　次の文章を読み，以下の各問いに答えよ。

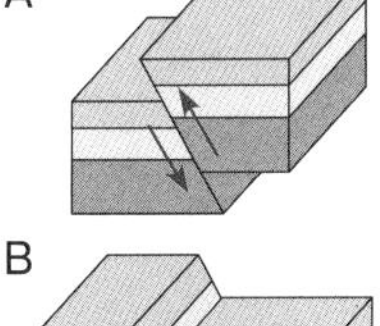

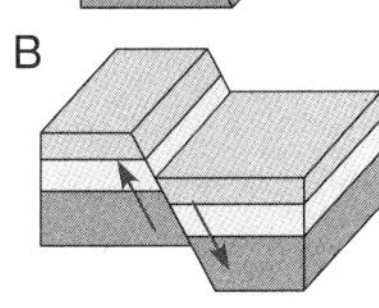

地層や岩石に大きな力が加わると，ひずみが蓄積され，断層が生じることがある。地層や岩石が横に(　ア　)する状況では，上盤が重力の向きにずり落ちる。このような断層を(　イ　)とよぶ。一方，地層や岩石が横に(　ウ　)する状況では，上盤が重力とは逆の向きにずり上がる。このような断層を(　エ　)とよぶ。

問1　文章中の空欄に適切な語句を記入せよ。

問2　イとエの断層に対応する図をA，Bからそれぞれ選べ。

問3　地層や岩石に圧縮する力が働いた際，断層を生じないで曲がったものを何というか。

4

問1ア
イ
ウ
エ
問2イ
エ
問3

📖知識

5 変成作用と造山帯　次の文章を読み，以下の各問いに答えよ。

海溝から海洋プレートが沈み込む際，$_{A}$<u>プレート上部の堆積物やプレートの一部が大陸プレート縁に付け加わる</u>。付け加わったものは，さらに地下深部まで達すると$_{B}$<u>広域変成岩</u>になる。大陸プレートの下ではマグマが発生し，火山が噴火するとともに，地下で花こう岩となる。こうして大陸地殻が形成される。

問1　下線部Aによってできた部分を何とよぶか。

問2　下線部Bに分類できる岩石を，次のア～カからすべて選べ。

ア　片麻岩　　イ　結晶質石灰岩　　ウ　砂岩　　エ　片岩
オ　ホルンフェルス　　カ　石灰岩

5

問1
問2

●教科書 p.36〜37

7 地震の発生と分布

学習のまとめ

1 地震と断層

(1　　　　)…地下の岩石が破壊されることによって，大地が揺れる現象。

(2　　　　)…岩石中のある面をはさむ両側が短時間にずれた変形。

(3　　　　)…断層面上で岩石の破壊が始まった点。

(4　　　　)…震源真上の地表の点。

(5　　　　)…地震をおこした断層。この一部が地表に現れたものを(6　　　　)という。

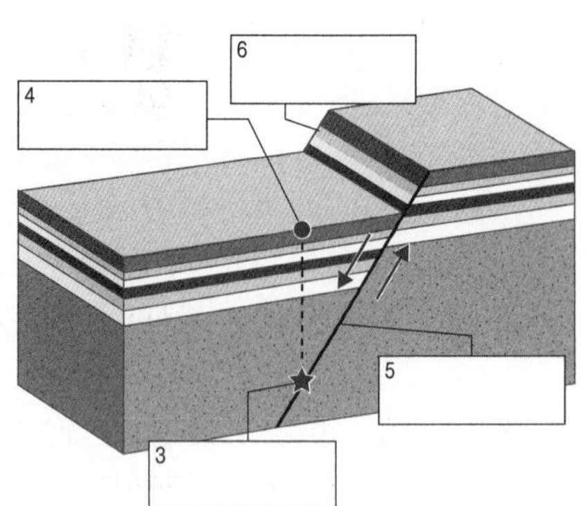

2 震度とマグニチュード

(7　　　　)	地震波によって発生する揺れ。
(8　　　　)	地震動の強さを表す指標(10段階の震度階級を用いる)。
(9　　　　)	地震の規模を表す指標。Mが1大きいとエネルギーが(10　　　　)倍になる。

3 本震と余震

大きな地震のあとには，多数の地震がおこる。このとき，最も大きな地震を(11　　　　)，引き続いておこる地震を(12　　　　)という。

地震の際に破壊された領域全体を(13　　　　)という。

余震の分布を調べることによって，本震の(14　　　　)の形状を把握することができる。

4 地震の分布

地震は，(15　　　　)の境界や火山の分布域に多く見られる。特に，プレートの(16　　　　)では，巨大地震を含む多くの地震が発生し，全世界の地震エネルギーの(17　　　　)が放出されている。

プレートの発散境界やすれ違い境界で発生する地震は，比較的規模の(18　　　　)いものが多い。

深さ100kmよりも深いところで発生する地震は，(19　　　　)とよばれることもある。このような地震の発生は，ほぼ(20　　　　)に限られる。

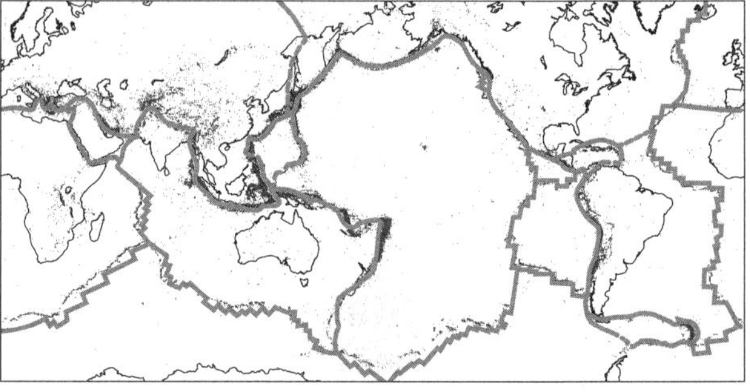

ワーク ▶図中の，太平洋プレートの境界をなぞれ。

説明してみよう！ 思考

地震は，どのような地域で多く発生するか。25字以内で説明せよ。

➡ まとめ 4

(解答欄 10 20)

練習問題 ・・・・・・・・・・・・

学習日：　　月　　日／学習時間：　　分

知識

23. 地震と断層　次の各文にあてはまるものを，語群から選べ。

(1)　ある地震をおこした断層のこと。
(2)　地下の岩石が破壊され，岩石中のある面をはさむ両側が短時間にずれた変形。
(3)　地下で岩石の破壊が始まった，真上の地表の地点。
(4)　地震による揺れの強さを示す指標。
(5)　地震の規模を示す指標。

【語群】　震源　震央　震度　マグニチュード　地震断層　震源断層　断層　断層面

23 ➡まとめ 1 2

(1)
(2)
(3)
(4)
(5)

知識

24. 震度とマグニチュード　次の各問いに答えよ。

(1)　震度は何段階に区分されているか。
(2)　最大の震度はいくらか。
(3)　マグニチュードが1大きくなると，エネルギーは何倍になるか。
(4)　$M7.0$ の地震のエネルギーは，$M5.0$ の地震の何倍にあたるか。次の①～③から選べ

①　2倍　②　64倍　③　1000倍

24 ➡まとめ 2

(1)
(2)
(3)
(4)

ヒント　マグニチュードの値が2異なる場合は，1異なる場合の2乗になる。

知識

25. 本震と余震　次の文の下線部について，正しいものには○を，誤っているものには正しい語句を記入せよ。

(1)　地震が発生した際，最も大きな地震を<u>余震</u>という。
(2)　地震の際に破壊された領域全体を<u>震源域</u>という。
(3)　余震の数は，時間が経つにつれて<u>増えていく</u>。
(4)　<u>本震</u>の分布を調べることで本震の震源断層の形状を把握できる。

25 ➡まとめ 3

(1)
(2)
(3)
(4)

知識

26. 地震の分布　次の図は，地震の分布を示している。図に関する以下の文について，正しいものには○を，誤っているものには×を記入せよ。

(1)　地震は，プレートの発散境界よりも収束境界で多く発生する。
(2)　地震は，プレートの中央部ではあまり発生しない。
(3)　大洋底や大陸内部では，地震は全く発生しない。
(4)　プレートのすれ違い境界でも地震が発生している。

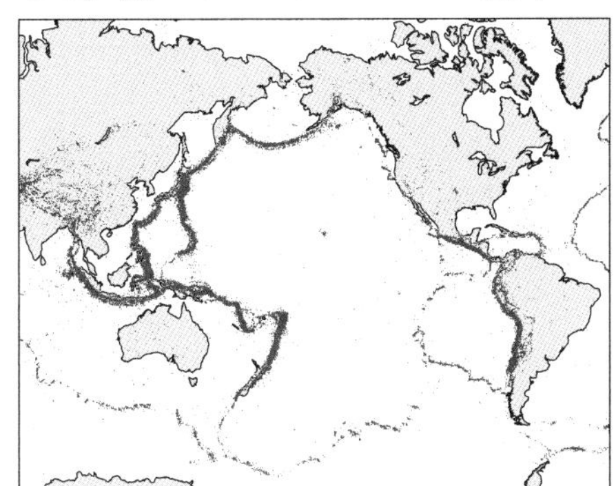

26 ➡まとめ 4

(1)
(2)
(3)
(4)

●教科書 p.38〜39

8 地震波の伝わり方

学習のまとめ

1 地震波

地震波には,(1　　)波と(2　　)波がある。P波の方が(3　　)いため,地震の最初の小さな揺れはP波によるものであり,(4　　)という。遅れて始まる大きな揺れは主にS波によるもので(5　　)という。初期微動が始まってから,主要動が始まるまでの時間を(6　　)という。

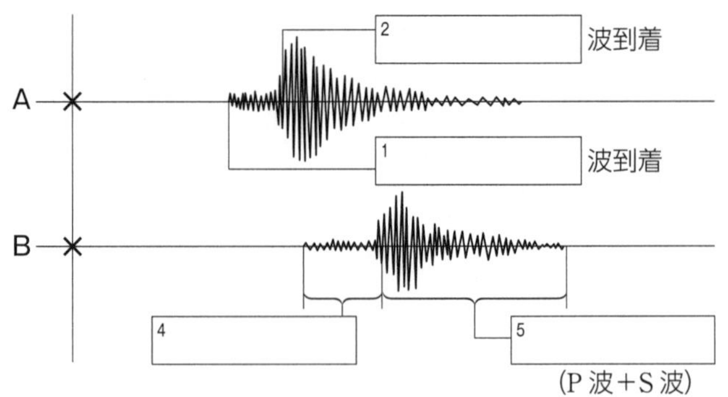

2 震源の決定

初期微動継続時間が長いほど観測地点と震源までの距離は(7　　)い。震源の浅い地震では,震源までの距離 D(km)と初期微動継続時間 T(s)の間には,次のような関係式が成り立つ。

$D=kT$ (k:6〜8km/s)　これを(8　　)という。

▶初期微動継続時間が15秒のとき,震源までの距離を求める。(k=7km/sとする)

(式)　D=7×(9　　)

(答)　(10　　)km

▶震源から84kmの距離にある観測点の初期微動継続時間を求める。(k=7km/sとする)

(式)　(11　　)=7×T

(答)　(12　　)秒

3つ以上の異なる観測地点から震源までのそれぞれの距離が明らかになれば,各地点からその距離だけ離れたところが震源となる。

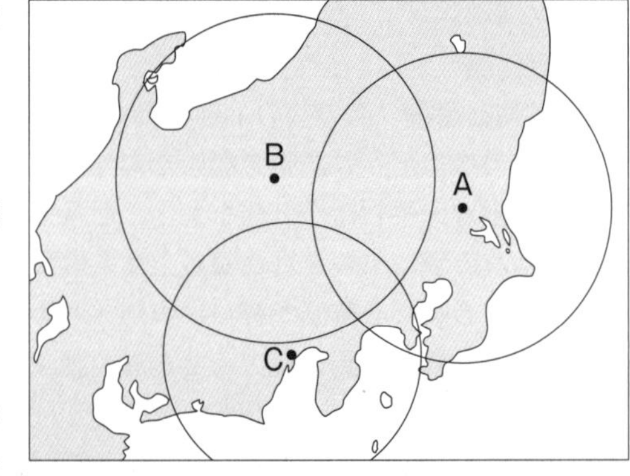

ワーク▶震源までの距離を半径とする円から,作図して,震央を決定せよ。

観測地点A,B,Cの震源距離がわかっているとき,震源の深さは,以下のように求めることができる。

①観測地点Aから(13　　)を含む線の鉛直方向に,震源距離Dを半径とする半円を描く。

②震央から鉛直方向に引いた直線と,半円の交点が(14　　)である。

③震源の深さは,Aから震央までの距離をLとして,(15　　)から,$\sqrt{D^2-L^2}$ で表される。

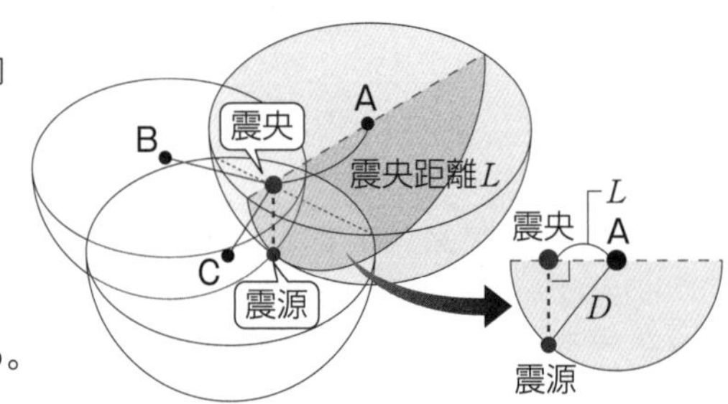

説明してみよう!　思考

震源の浅い地震の,震源までの距離と初期微動継続時間との関係を,「震源距離」と「初期微動継続時間」を用いて,25字以内で説明せよ。

➡まとめ 2

									10										20

知識

27. 地震波　次の各問いに答えよ。

(1)　次の①～③の特徴は，主にＰ波とＳ波のどちらにあてはまるか答えよ。

①　観測地点に先に到達する。

②　初期微動を引きおこす。

③　主要動を引きおこす。

(2)　観測地点にＰ波が到達してからＳ波が到達するまでの揺れを何というか。

(3)　Ｐ波とＳ波の到着時刻の差を何というか。

27　➡まとめ-1

(1)①
②
③
(2)
(3)

知識

28. 震源の決定　図は，同じ地震を異なる観測地点ＡとＢで観測したときの地震計の記録である。縦軸は揺れの大きさ，横軸は時間を，×印は地震の発生を示している。Ｐ波の速度を 6 km/s として，次の各問いに答えよ。

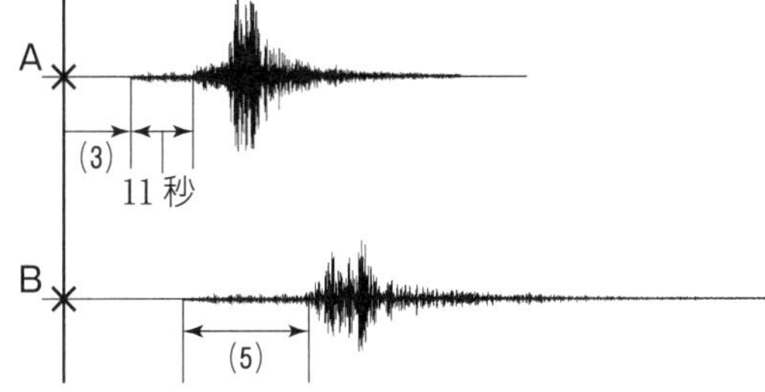

(1)　観測地点から震源までの距離Dは，$D=kT$で求められる。この関係式の名称を答えよ。ただし，kは地域によって決まった値をもち，Tは初期微動継続時間(s)である。

(2)　$k=6$ km/s として，Ａの震源からの距離を求めよ。

(3)　ＡにＰ波が到着するのは，地震発生から何秒後か求めよ。

(4)　Ｓ波の速度を求めよ。

(5)　震源から 120 km 離れているＢの，初期微動継続時間を求めよ。

28　➡まとめ-1 2

(1)
(2)
(3)
(4)
(5)

ヒント　ＡにＳ波は何秒後に到着するか。

ヒント　Ｐ波とＳ波の到着に要する時間からも求まるが，大森公式の利用が簡単。

知識

29. 震源の決定　次の図は，Ａ～Ｃの各観測地点から震源までの距離を半径とする円である。作図によって，震央に×印を記入し，小数点以下第一位を四捨五入して震源の深さ(km)を求めよ。ただし，図の 1 cm は 10 km を表している。

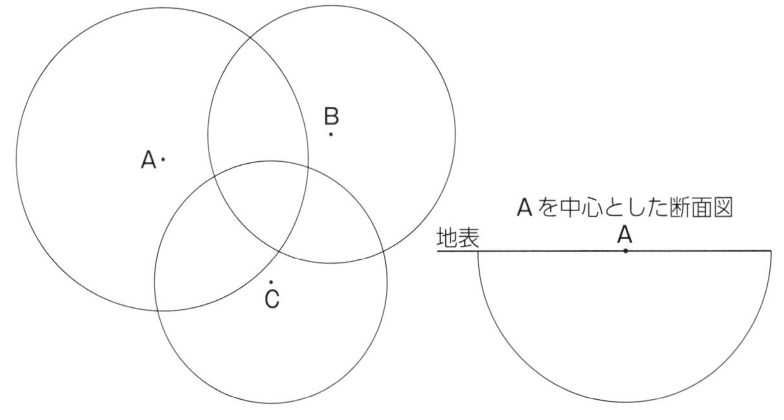

29　➡まとめ-2

震源の深さ　　km

ヒント　震源までの距離を半径とする円と円の交点を，直線で結んだ共通弦を３本描く。その交点が震央である。

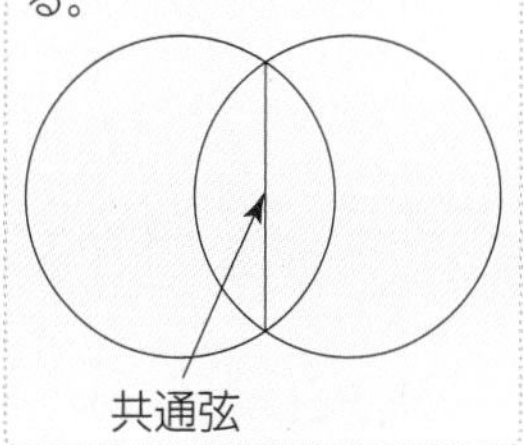

●教科書 p.40～43

日本付近で発生する地震①／日本付近で発生する地震②

学習のまとめ

1 日本付近の地震の分布

日本列島は，プレートの収束境界の(1　　　　　)に位置している。

図(a)および図(b)から，次のことが読み取れる。

①(2　　　　　)や南海トラフに沿うすぐ陸側の海域で，巨大な地震が多く発生している。

②東北地方では，沈み込む(3　　　　　)の上面に沿って，地震が多く発生している。

③(4　　　　　)の陸域や(5　　　　　)の浅い領域で，地震が発生している。

④沈み込む太平洋プレートの(6　　　　　)でも，地震が発生している。

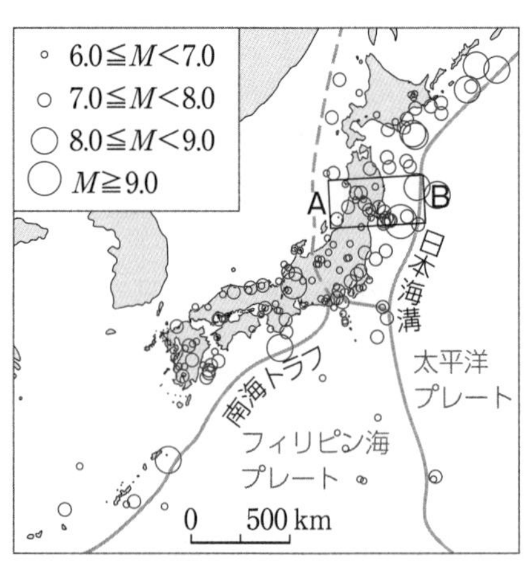

(a)地震の震央分布（1885年以降）

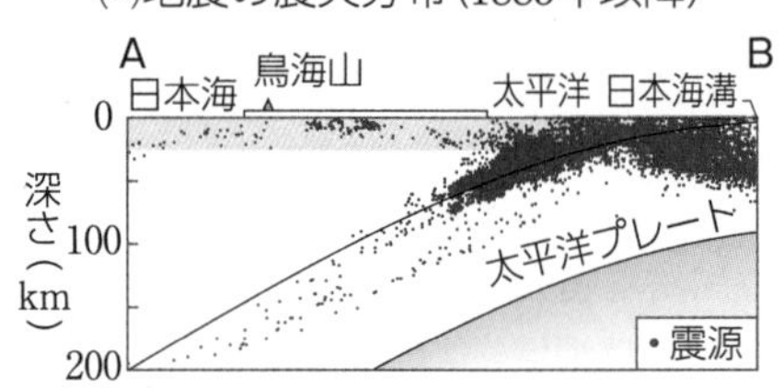

(b)震源分布（A－B断面）

ワーク ▶図(b)は，図(a)のA－B断面の震源分布である。これらのうち，大陸プレート内部の地殻の浅いところでおこる地震に相当するものを図中に囲んで示せ。

2 日本付近で発生する地震のタイプ

	プレート境界地震	内陸地殻内地震	海洋プレート内地震
発生場所	プレートの境界	大陸プレート内部の地殻の浅いところ	海洋プレートの内部
発生のしくみ	・沈み込む海洋プレートに引きずられ，徐々に沈降していた(7　　　　)が急激にはね上がることで発生する。	・(8　　　　)の押す力が大陸プレートの内部にも働くことによって発生する。	・海洋プレートが(9　　　　)から沈み込むときに押し曲げられたり，もとの形に戻ろうとしたりすることで発生する。
特徴	・マグニチュードが8を超える(10　　　　)になることがある。 ・海底が急激に隆起すると(11　　　　)が発生する。	・(12　　　　)が原因で発生することが多い。 ・震源が(13　　　　)いため，震央の近くでは，大きな地震動におそわれることがある。	・100km以深でも地震が発生しており，この発生域を(14　　　　　　)という。

説明してみよう！ 思考

プレート境界地震がおこった際に，津波が発生するしくみについて，「海溝」を用いて，25字以内で説明せよ。

➡まとめ 2

(解答欄：10, 20)

知識
30. 日本付近の地震の分布 次の文の下線部について，正しいものには○を，誤っているものには正しい語句を記入せよ。

(1) 日本はプレートの発散境界に位置するため，地震が多く発生する。
(2) 沈み込み帯では，陸域と海域の両方で地震が発生している。
(3) 日本海溝や南海トラフに沿う海域では，巨大地震が発生している。
(4) 日本付近では，大陸プレート内部の地殻の深いところで地震が発生している。

知識
31. 日本付近で発生する地震 次の文章を読み，各問いに答えよ。

太平洋プレートが沈み込む境界である（　ア　）や，フィリピン海プレートが沈み込む境界である（　イ　）の陸側の海域では，マグニチュードの大きな地震が発生している。日本列島の東北地方の東西の断面を考えると，日本付近の地震は，大陸プレートの（　ウ　）や，海洋プレートと大陸プレートの（　エ　）や，海洋プレートの（　オ　）でおこっている。

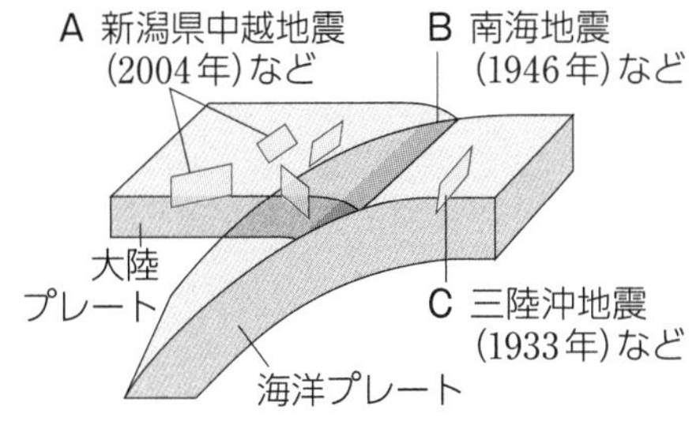

(1) 文章中の空欄ア～オに適する語句を語群から選べ。同じ語句を2度用いてよい。

【語群】 南海トラフ　日本海溝　境界　内部

(2) 図中A～Cの地震のタイプの名称を答えよ。
(3) 海洋プレート内部では，深さ100km以深でも地震が発生する。このような地震の発生域の名称を答えよ。

知識
32. プレート境界地震 次の図は，1895年を基準とした，室戸岬の変動のようすを示したものである。以下の各問いに答えよ。

(1) A～Cの部分の説明として，それぞれ正しいものを選べ。

ア　プレート境界で地震が発生し，海洋プレートが隆起した。
イ　プレート境界で地震が発生し，大陸プレートが隆起した。
ウ　海洋プレートに引きずられて，大陸プレートが沈降した。
エ　大陸プレートに引きずられて，海洋プレートが沈降した。

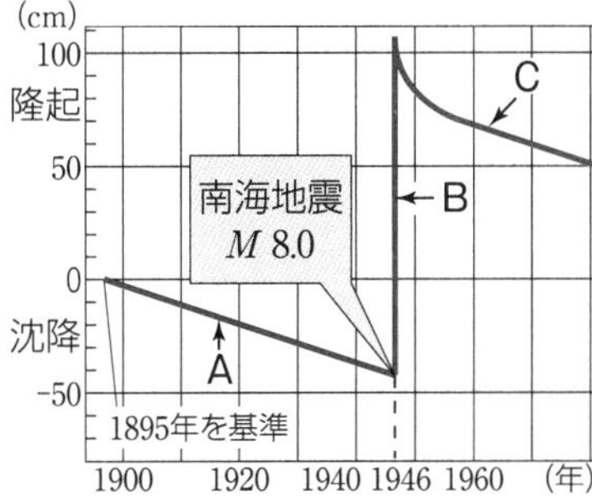

(2) 1946年の南海地震に伴って，室戸岬はどれだけ変動したと考えられるか。次のうちから，最も適当と考えられる変動量を選べ。

ア　−40cm　イ　−70cm　ウ　+105cm　エ　+150cm

30	➡まとめ 1
(1)	
(2)	
(3)	
(4)	

ヒント 断層の形成時や，断層が動いたときが地震の発生である。

31	➡まとめ 1 2
(1)ア	
イ	
ウ	
エ	
オ	
(2)A	
B	
C	
(3)	

ヒント 日本の内陸部で発生する地震は，震源が浅い。

32	➡まとめ 2
(1)A	
B	
C	
(2)	

ヒント 室戸岬は，南海地震が発生する前に沈降している。

●教科書 p.46～48

火山の分布／火山の形成とマグマ

学習のまとめ

1 世界の火山の分布

世界の火山は，次の 3 つの地域に分布している。

▶プレートの(1　　　　　)

沈み込みに伴うプレートの収束境界の大陸側。日本や南アメリカの西海岸など。

▶プレートの(2　　　　　)

中央海嶺の中軸部。アイスランドや東アフリカの大地溝帯など。

▶(3　　　　　)

マントル深部からプルームが上昇してくるところ。ハワイ諸島など。

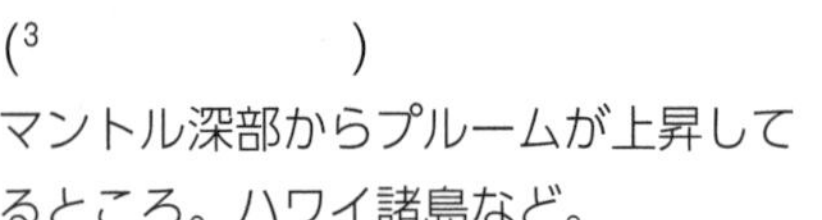

ワーク ▶中央海嶺を緑，海溝を青で塗れ。

2 日本の火山の分布

日本は，プレートの(4　　　　　)にあり，多くの火山が分布する。

▶活火山

過去(5　　　　　)年以内に噴火した火山，および現在活発な噴気活動のある火山を(6　　　　　)とよぶ。日本には現在(7　　　　　)の活火山がある。

▶火山前線（火山フロント）

日本の火山の多くは(8　　　　　)に分布している。火山帯の海溝やトラフ側のへりを(9　　　　　)という。これは，海溝やトラフから 200～300 km 離れ，ほぼ(10　　　　　)に伸びている。

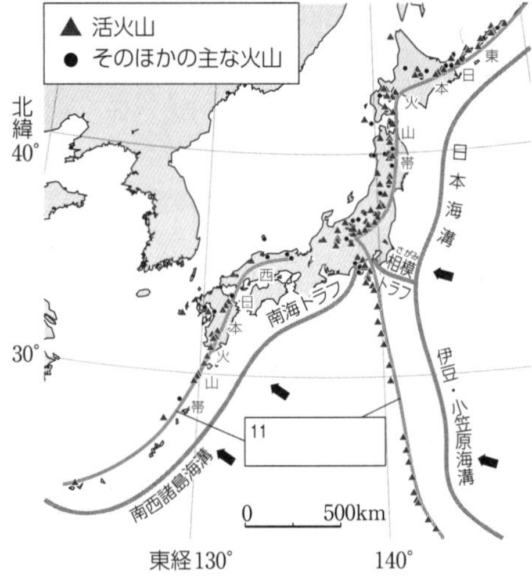

3 火山が形成される地域

▶沈み込み帯

沈み込んだ(12　　　　　)から(13　　　　　)が供給されると，(14　　　　　)の一部がとけてマグマが生じる。マグマは周囲の岩石よりも(15　　　　　)が小さいので浮力で上昇し，周囲と密度が等しくなる深さで停止して(16　　　　　)をつくる。

▶中央海嶺

上昇してきたマントルは(17　　　　　)が下がるため，一部がとけてマグマが生じる。

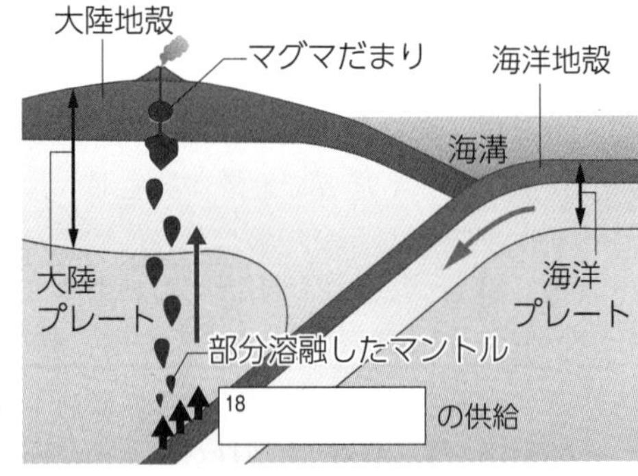

説明してみよう！　思考

日本に多くの火山が存在するのはなぜか。「プレート」を用いて，20字以内で説明せよ。

→まとめ 2

練習問題

学習日：　　月　　日／学習時間：　　分

知識

33. 世界の火山の分布　世界の火山分布域について，下の図中の空欄にあてはまる語句を語群から選び記入せよ。

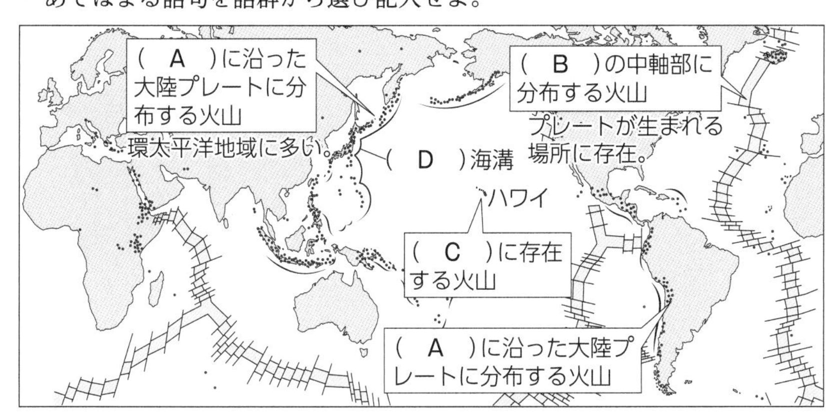

【語群】　海溝　　中央海嶺　　日本　　ホットスポット

33　➡まとめ 1

33
A
B
C
D

ヒント　ハワイ諸島は，ホットスポットに位置する。

知識

34. 世界の火山の分布　次の図は，中央海嶺から大陸にかけての断面を示したものである。以下の各問いに答えよ。

A　B　C　D　E

(1)　海溝と中央海嶺の位置をそれぞれA～Eの記号で答えよ。
(2)　火山が存在するのは，A～Eのどの位置か。すべて答えよ。
(3)　マントルの深いところからプルームが上昇し，火山が形成されるのは，A～Eのどの場所か。また，その名称を答えよ。
(4)　次のア～ウの地域の火山は，上のA～Eのどこに相当するか。
ア　アイスランド　　イ　日本　　ウ　ハワイ

34　➡まとめ 1

34
(1)海溝
中央海嶺
(2)
(3)
名称
(4)ア
イ
ウ

知識

35. 日本の火山の分布と火山が形成される地域　次の各問いに答えよ。

(1)　次のア～エの文の下線部について，正しいものには○を，誤っているものには正しい語句を記入せよ。
ア　日本の火山の多くは帯状に分布しており，この帯状の地域を火山帯という。
イ　火山前線は，海溝やトラフと垂直に伸びている。
ウ　大陸プレートから水が供給され，マントルの一部がとけて，マグマが発生する。
エ　日本の火山活動は，プレートの沈み込みに関係している。
(2)　火山帯の下で，マグマが上昇して周囲と密度が等しくなり，一時的にたまっている場所を何というか。

35　➡まとめ 2 3

35
(1)ア
イ
ウ
エ
(2)

11 火山の噴火／火山の地形

学習のまとめ

1 噴火のしくみ

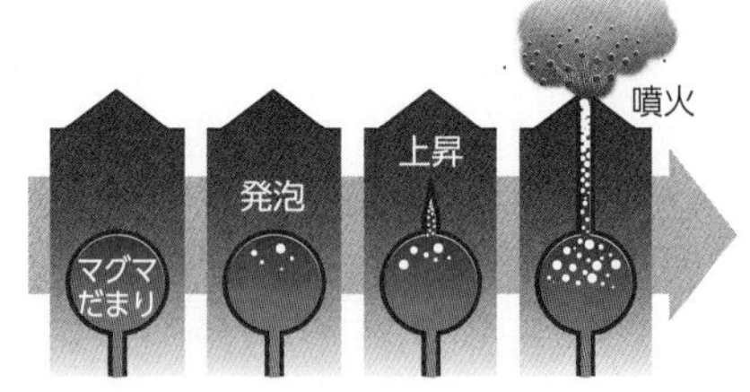

マグマにとけていた水などの(1　　　　　)が発泡すると，マグマは(2　　　　　)を始める。上昇を始めたマグマは(3　　　　　)が下がり，さらに発泡して上昇する。

マグマが地表に近づき，(4　　　　　)が急激に下がると，爆発的な発泡がおこり噴火する。

2 火山噴出物

火山ガス	マグマにとけていた(5　　　　　)が気体になったもの。 ほとんどは(6　　　　　)であり，二酸化炭素や二酸化硫黄も含まれる。
溶岩	地表に噴出した(7　　　　　)を溶岩といい，流れ出た溶岩を(8　　　　　)という。 粘性の低い溶岩が水中に流れ出ると，急冷されて丸みを帯びた(9　　　　　)になる。
火山砕屑物	岩石が噴火によって砕かれ，噴き飛ばされたもの。 粒子の小さなものから(10　　　　　)，火山礫，火山岩塊などに分けられる。

3 噴火の様式／火山の形

粘性の(11　　　　　)マグマは，揮発性成分が抜けやすく，噴火は(12　　　　　)である。

粘性の(13　　　　　)マグマは，揮発性成分が抜けにくく，激しい(14　　　　　)を伴う噴火をおこすことが多い。

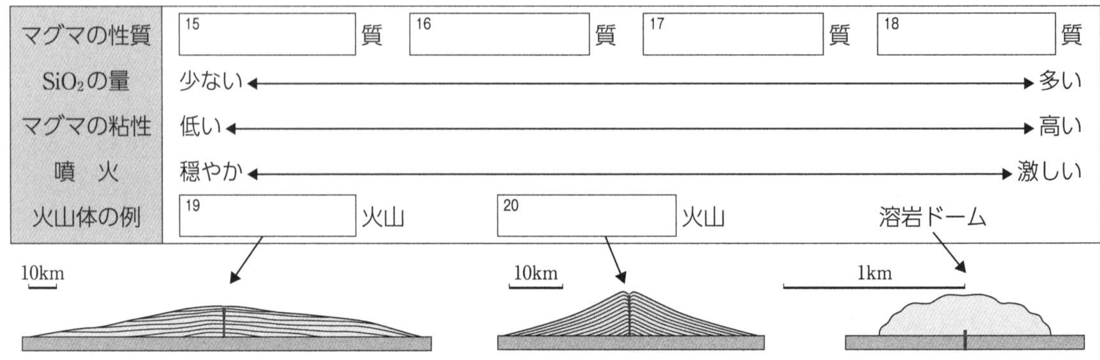

マグマの性質	15　　　質	16　　　質	17　　　質	18　　　質
SiO_2の量	少ない ←→ 多い			
マグマの粘性	低い ←→ 高い			
噴　火	穏やか ←→ 激しい			
火山体の例	19　　　火山	20　　　火山	溶岩ドーム	

火山の例：マウナロア山	火山の例：富士山	火山の例：昭和新山
噴火は割れ目からおこることが多い。大量の(21　　　　)の低い溶岩が流れ出し，噴火が長期にくり返されてできる。	噴火は，激しい爆発を伴い，火山砕屑物が噴出し，火口から溶岩が流出する。長期にくり返された噴火で，(22　　　　)と火山砕屑物が交互に積み重なってできる。	粘性の高いデイサイト質～(23　　　　)質のマグマが少量噴出すると，溶岩が盛り上がってできる。

▶カルデラ…地下から(24　　　　　)が大量に噴出して，(25　　　　　)に空隙ができ，その上部が陥没してできた凹地。例：熊本県の阿蘇山など。

説明してみよう！　思考

富士山のような成層火山は，火山噴出物がどのように積み重なっているか。25字以内で説明せよ。

➡まとめ 3

知識
36. 火山の噴火　次の文の下線部について，正しいものには○を，誤っているものには正しい語句を記入せよ。

ア　マグマにとけていた金属成分が発泡すると，マグマは上昇を始める。
イ　マグマが地表に近づき，圧力が急激に上昇すると発泡して噴火する。
ウ　火山ガスのほとんどは水蒸気である。
エ　火口から流れ出た溶岩を火砕流という。
オ　二酸化ケイ素を多く含むマグマや溶岩ほど，その粘性は低い。

知識
37. 噴火の様式と火山の形　次の表の空欄にあてはまる語句を語群から選べ。

溶岩の粘性	低い	←→	高い
噴火のようす	a	←→	b
火山の形	c	成層火山	d

【語群】　激しい　穏やか　盾状火山　溶岩ドーム

知識
38. 火山の地形　次の文章の空欄に適当な語を入れよ。

玄武岩質のマグマは，粘性が（　1　）く流れやすいので，マウナロア山などの傾斜の小さい（　2　）火山や，デカン高原などの溶岩台地を形成する。安山岩質のマグマは，噴火によって溶岩流と火山砕屑物が交互に重なると，富士山などの（　3　）火山を形成する。流紋岩質マグマを噴出する火山は，マグマの粘性が（　4　）いため，昭和新山などの（　5　）を形成する。

知識
39. 火山の地形　次のア～エは火山の地形の断面を示したものである。各問いに答えよ。

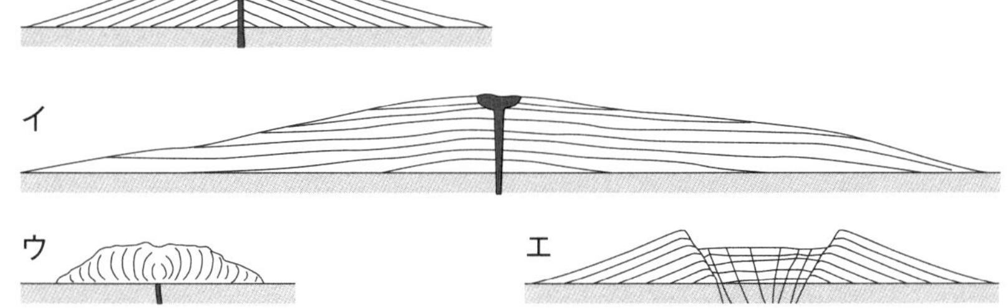

(1)　ア～ウのうち最も粘性の低い溶岩で形成されたものはどれか。
(2)　アの火山は，2つの層がくり返し重なることで形成される。この2つの層をつくるものをそれぞれ答えよ。
(3)　エは，大量のマグマを噴出して，マグマだまりの上部が陥没して形成されたものである。このようにしてできた凹地を何とよぶか。

36　→まとめ 1 2

36	
ア	
イ	
ウ	
エ	
オ	

37　→まとめ 2 3

37	
a	
b	
c	
d	

38　→まとめ 3

38	
(1)	
(2)	
(3)	
(4)	
(5)	

39　→まとめ 3

39	
(1)	
(2)	
(3)	

第2章　地球の活動

●教科書 p.56〜57

火成岩の形成

学習のまとめ

1 マグマに由来する岩石

マグマが固まってできた岩石を(1　　　　　　　　)という。

マグマが急速に冷えて固まったものを(2　　　　　　)といい，マグマが，地下深くでゆっくり冷えて固まったものを(3　　　　　　)という。

貫入したマグマが地層と平行に広がる板状の岩体を(4　　　　　　)といい，地層を切って広がる脈状の岩体を(5　　　　　　)という。

また，地下深くでできた大規模な貫入岩体を(6　　　　　　)という。

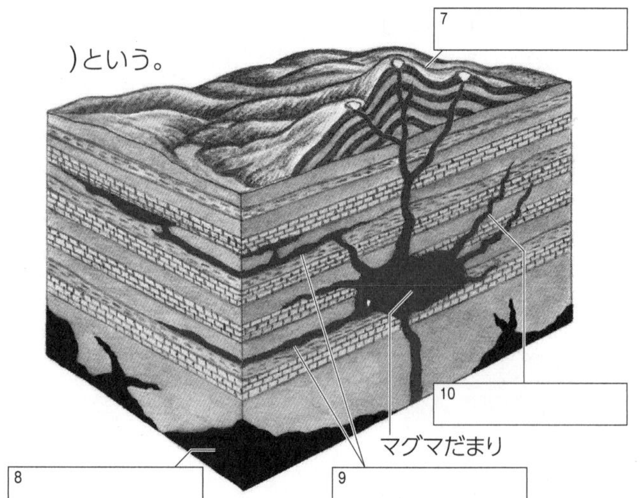

2 火成岩を構成する組織

岩石を構成する鉱物の大きさ，形，集まり方などを(11　　　　　　)といい，マグマの(12　　　　　　)によって変化する。

マグマが急冷した場合

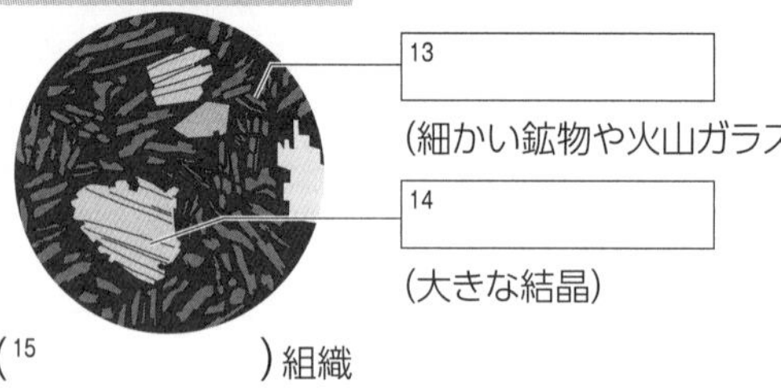

(15　　　　　　)組織

マグマがゆっくり冷えた場合

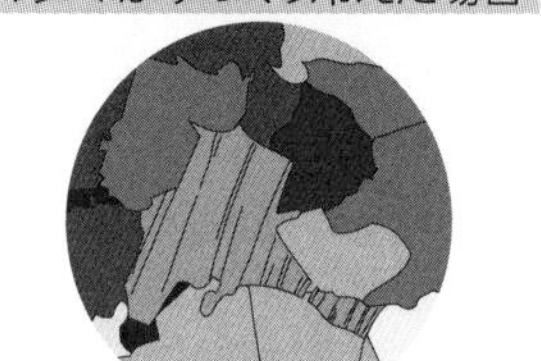

(16　　　　　　)組織

組織名	冷え方	特徴	火成岩の種類
(17　　　　　　)	急速に冷える	大きな鉱物である(18　　　　　　)の間を埋めるように，細かい鉱物や火山ガラスの集まりである(19　　　　　　)ができる。	火山岩
(20　　　　　　)	ゆっくり冷える	鉱物が大きく成長する。鉱物の大きさがほぼそろっている。	(21　　　　　　)

自形と他形

マグマの中にできる鉱物のうち，初めに結晶となった鉱物は，その鉱物本来の結晶面をもち，(22　　　　　　)となる。一方，あとから結晶になった鉱物は，本来の結晶面をもたず，(23　　　　　　)となる。

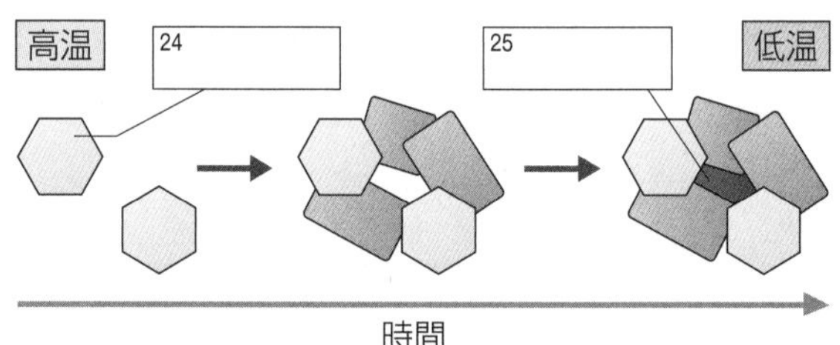

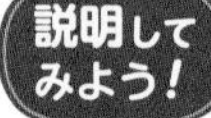

説明してみよう！　思考

火成岩を構成する組織には，斑状組織と等粒状組織がある。このような組織の違いは，どのように生じるか。「マグマ」を用いて，25字以内で説明せよ。

→まとめ 2

練習問題

学習日：　　月　　日／学習時間：　　分

知識

☑ 40. マグマに由来する岩石　次の図中の空欄に適語を入れよ。

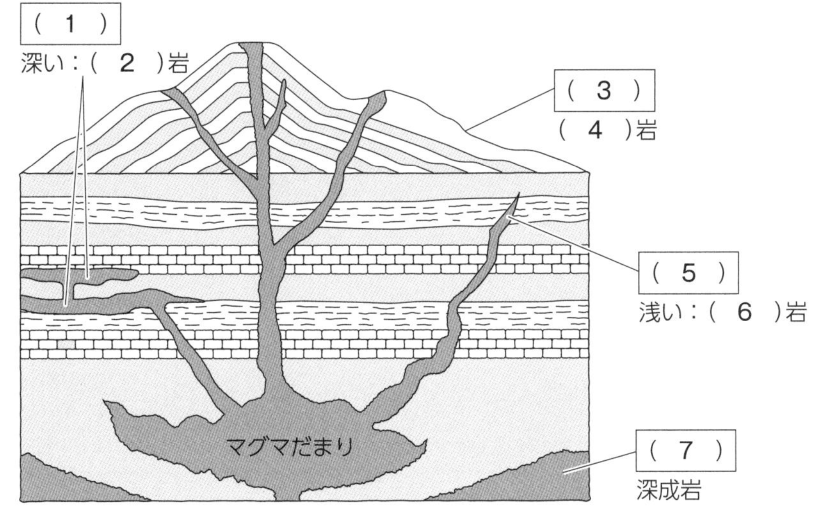

40 ➡まとめ 1
(1)
(2)
(3)
(4)
(5)
(6)
(7)

ヒント　マグマは急冷すると火山岩に，深い所でゆっくり冷えて固まると深成岩になる。

知識

☑ 41. マグマに由来する岩石　次の(1)～(4)の文章の下線部について，正しいものには○を，誤っているものには正しい語句を記入せよ。

(1)　底盤のマグマは，ゆっくり冷えて固まるので<u>火山岩</u>となる。

(2)　マグマが急速に冷えて固まった岩床や岩脈は，<u>深成岩</u>となる。

(3)　溶岩は地表に噴出した<u>マグマ</u>である。溶岩や火山砕屑物が積み重なって火山体を形成する。

(4)　<u>底盤</u>は，地下の深いところで形成されるが，隆起して，上部の地層や岩石が侵食されると，地表で観察することができる。

41 ➡まとめ 1 2
(1)
(2)
(3)
(4)

思考

☑ 42. 火成岩の組織　次の火成岩の顕微鏡写真A，Bについて，各問いに答えよ。

(1)　A，Bのうち，マグマの急冷によってできたものはどちらか。

(2)　A，Bの組織の名称を答えよ。

(3)　深成岩の組織はA，Bのどちらか。

A

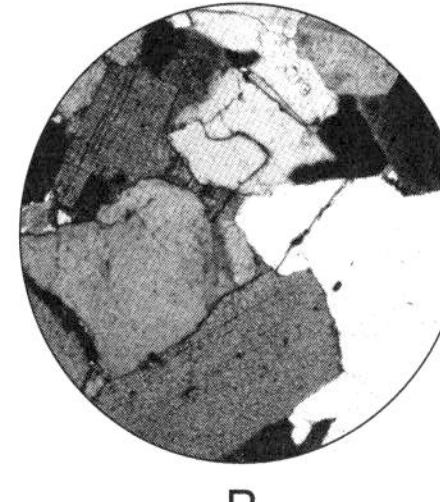
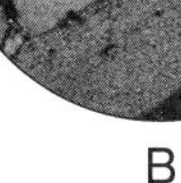
B

42 ➡まとめ 2
(1)
(2) A
B
(3)

思考

☑ 43. 自形と他形　以下の各問いに答えよ。

(1)　右図の鉱物のうち，自形のものはどれか。

(2)　自形の鉱物と他形の鉱物で，結晶になる温度が高いのはどちらか。

(3)　右図のA～Cについて，結晶となって現れた順を答えよ。

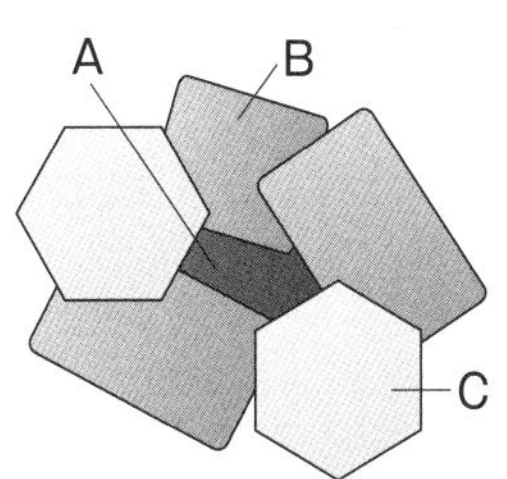

43 ➡まとめ 2
(1)
(2)
(3)　→　→

第2章 地球の活動

●教科書 p.58～59

13 火成岩の種類

学習のまとめ

1 火成岩の主な造岩鉱物

岩石をつくる鉱物を(1　　　　　　)という。火成岩を構成する主な造岩鉱物は7種類である。

火成岩の造岩鉱物は，いずれも(2　　　　　　)であり，右図のような正四面体の骨格を基本としている。(3　　　　　　)は，この正四面体のみの集まりである。それ以外の造岩鉱物は，正四面体がマグネシウムや鉄などの(4　　　　　　)で結ばれた鎖状あるいは網状などの構造をもつ。

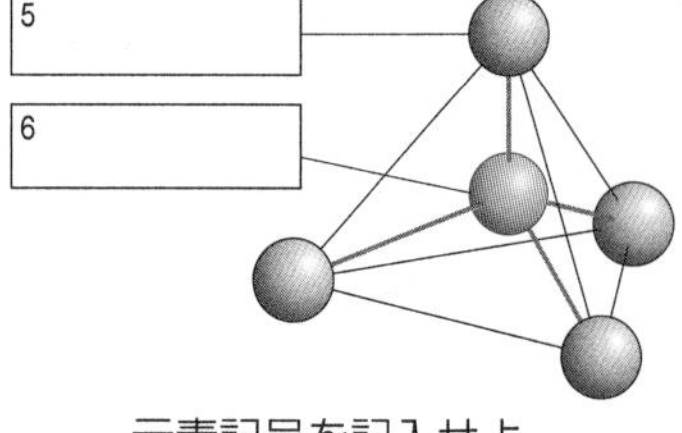

元素記号を記入せよ。

有色鉱物(色が濃い)		(7　　　　)鉱物(色が淡い)	
(8　　　　)	淡緑～緑褐色，柱状	斜長石	白色，柱状
輝　石	淡緑～褐色，短柱状	カリ長石	白色～桃色，柱状
角閃石	暗緑～暗褐色，柱状		
(9　　　　)	暗褐～暗緑色，六角板状	(10　　　　)	無色，六角柱状

2 火成岩の分類

火成岩は，組織の違いによる区分のほかに，(11　　　　　　)などの化学組成によっても区分される。

	苦鉄質岩	中間質岩	(12　　　　)岩
火山岩	(13　　　　)岩	(14　　　　)岩	デイサイト ｜ 流紋岩
深成岩	(15　　　　)岩	閃緑岩	(16　　　　)岩
主な造岩鉱物の量(体積%) 100／80／60／40／20／0	(17　　　　)に富む かんらん石 輝石	斜長石 角閃石 黒雲母	石英 カリ長石 (18　　　　)に富む
SiO_2の質量%	45	52	63
色指数(体積%)	70	40	20
密度(g/cm³)	約3.1 大きい ←		→ 小さい 約2.6

ワーク 「主な造岩鉱物の量」の有色鉱物の範囲を青く塗れ。

色指数

火成岩に含まれる(19　　　　　　)の割合を色指数という。色指数は，見た目の色調，(20　　　　　　)の種類と量，火成岩全体の(21　　　　　　)と対応することが多い。

苦鉄質(50%)

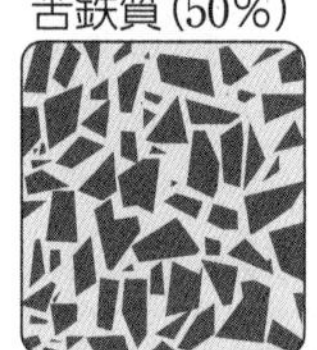

中間質(30%)

ケイ長質(10%)

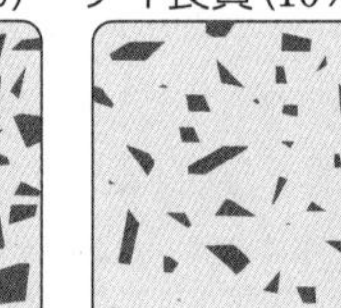

思考

火成岩を構成する主要な鉱物(ケイ酸塩鉱物)は，どのような骨格を基本としているか。25字以内で説明せよ。

➡まとめ 1

練習問題

学習日：　　月　　日／学習時間：　　分

知識

44. 造岩鉱物　次の(1)～(4)は，造岩鉱物について説明したものである。それぞれにあてはまる鉱物名を，語群から選べ。

(1) 右図の正四面体のみが集まったもので，六角柱状の形をもつものが多い無色鉱物である。

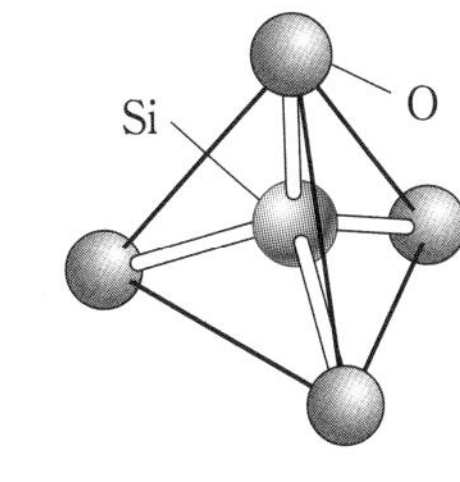

(2) 柱状の形をもつ有色鉱物で花こう岩や閃緑岩の中によく見られる。

(3) 柱状の無色鉱物で，Ca に富むものや Na に富むものがある。

(4) 板状の形状をしており，花こう岩の中によく見られる。

【語群】　かんらん石　輝石　角閃石　黒雲母　斜長石　カリ長石　石英

44 → まとめ-1

(1)
(2)
(3)
(4)

ヒント　無色鉱物は，斜長石，カリ長石，石英である。

知識

45. 火成岩の分類と鉱物　次の文章の空欄に適当な語句を記入せよ。

火成岩の鉱物は，色の濃い(　ア　)と淡い(　イ　)に大別される。これらはいずれもケイ酸塩鉱物であり，ケイ素と酸素からなる正四面体の骨格を基本としている。

苦鉄質岩の火山岩である(　ウ　)は，かんらん石や輝石を多く含むため，見た目の色調が黒っぽい岩石である。一方，(　エ　)岩の深成岩である花こう岩は，石英やカリ長石，斜長石を多く含み，見た目の色調が白っぽい岩石である。

45 → まとめ-1 2

ア
イ
ウ
エ

知識

46. 火成岩の分類　次の文の下線部について，正しいものには○を，誤っているものには正しい語句を記入せよ。

(1) 火成岩は，SiO_2 の量の<u>多い</u>順に，苦鉄質岩，中間質岩，ケイ長質岩に分けられる。

(2) 色指数の値が<u>大きい</u>ほど，岩石の色は白っぽくなる。

(3) 火山ガラスに富む火山岩などは，色指数で<u>分類できない</u>。

(4) 流紋岩は斑状組織を示す<u>ケイ長質岩</u>である。

(5) SiO_2 の量の多い岩石ほど，色指数は<u>大きく</u>なる。

46 → まとめ-2

(1)
(2)
(3)
(4)
(5)

思考

47. 火成岩の分類　次の(1)～(5)の文は，火成岩について説明したものである。それぞれの岩石名を答えよ。

(1) Ca に富む斜長石，輝石，かんらん石からできており，大きな結晶と非常に細かい結晶が混在している。

(2) Na に富む斜長石，カリ長石，石英，黒雲母からできており，1つ1つの結晶の大きさがほぼそろっている。

(3) 地下深くのマグマがゆっくり冷えて固まった岩石で，主に角閃石と輝石，斜長石からできている。

(4) 地表に噴き出したマグマが冷えて固まった岩石で，色指数は30である。

(5) 等粒状組織の岩石で，色指数は50である。

47 → まとめ-2

(1)
(2)
(3)
(4)
(5)

第2章 章末問題

学習日：　　月　　日／学習時間：　　分

知識

1 **地震**　次の文章を読み，以下の各問いに答えよ。

2011年の東北地方太平洋沖地震は，深さ24kmの海底下で断層が生じて発生した。断層面上で破壊が始まった点を(　ア　)といい，その真上の地表の点を(　イ　)という。

地震が発生して最初に到達する地震波はP波で，その後にS波が到着する。この到達時間の差を(　ウ　)といい，震源が浅い地震の場合は，地震が発生した場所から観測点までの距離に比例する。この関係式は大森公式とよばれる。

問1　文章中の空欄に適切な語句を入れよ。

問2　次の説明文は，地震波の特徴について表したものである。正しいものをすべて選べ。

ア　地表付近では，P波の速度は約6km/sである。

イ　初期微動はS波，主要動はP波によるものである。

ウ　初期微動継続時間が長いほど，震源までの距離が長い。

エ　2つの異なる観測点の初期微動継続時間がわかれば，震央と震源の位置を決定できる。

問3　図1は，任意の観測点での地震計の記録である。この記録をもとに，観測点から地震の発生した場所までの距離を，大森公式を用いて求めよ。なお，大森公式の比例定数は7km/sとする。

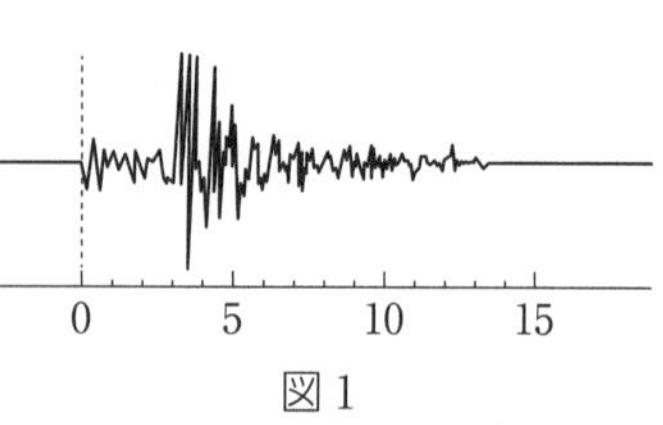

図1

1	
問1ア	
イ	
ウ	
問2	
問3	

知識

2 **地震**　次の文章を読み，以下の各問いに答えよ。

日本付近で発生する地震は，大きく分けて3つのタイプがある。プレート境界地震は，沈み込む海洋プレートに(　ア　)が引きずられ，急激にはね上がることで発生する。一方，内陸地殻内地震は，(　イ　)の押す力が大陸プレート内部に働くことにより発生する。海洋プレート内地震は，海洋プレートが(　ウ　)から沈み込むときに押し曲げられ，上部に引っ張られたり元に戻ろうとする力が働いて発生する。

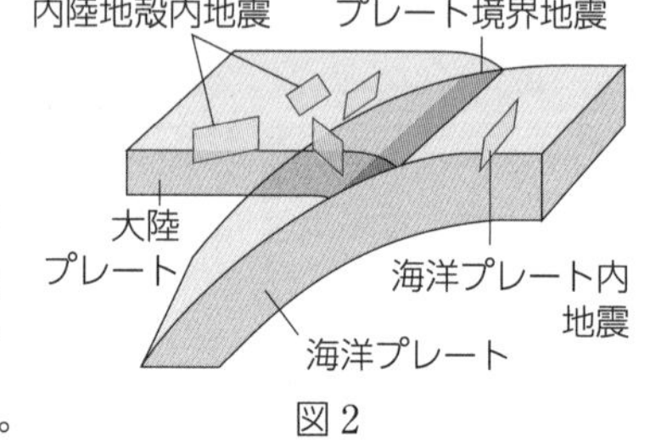

図2

問1　文章中の空欄に適切な語句を記入せよ。

問2　次の説明文を，あてはまる地震のタイプに分類せよ。

ア　震源域が広く，ずれの量も大きいため，巨大地震になることがある。

イ　都市の直下で発生して，大きな被害を出すことがある。

ウ　陸域で観測される震度が，あまり大きくならない傾向がある。

エ　活断層が震源断層であることが多く，活断層地震ともよばれる。

2	
問1ア	
イ	
ウ	
問2 プレート境界地震	
内陸地殻内地震	
海洋プレート内地震	

知識

3 火山　次の文章を読み，下の各問いに答えよ。

　火山の形は，マグマの性質および噴火の様式によって異なる。玄武岩質マグマが大量にくり返し噴出すると，傾斜の緩やかな(　ア　)ができる。安山岩質マグマの噴火では，溶岩の流出や火山砕屑物の噴出が長期間にわたってくり返され，(　イ　)ができる。流紋岩質マグマは，厚い溶岩流となり火口の上に盛り上がって(　ウ　)をつくる。

問1　空欄(　ア　)～(　ウ　)にあてはまる火山地形の名称を選び，その模式図として最も適当なものを，a～dから選べ。

〔火山地形の名称〕　成層火山　　盾状火山
　　　　　　　　　カルデラ　　溶岩ドーム(溶岩円頂丘)

〔模式図〕

a

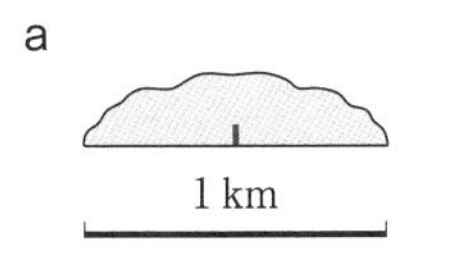

b

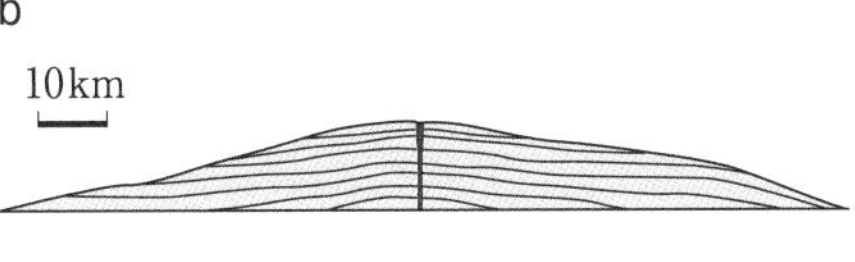

c

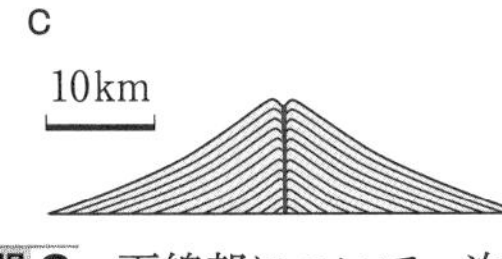

d

問2　下線部について，次の①～③の中で，一番粘性が大きいのはどれか。

①　玄武岩質マグマ　　②　安山岩質マグマ　　③　流紋岩質マグマ

問3　高温の火山砕屑物が火山ガスを含んだまま，高速で斜面を流れ下る現象を何というか。

3
問1ア
模式図
イ
模式図
ウ
模式図
問2
問3

思考

4 火成岩　以下の図を見て，火成岩についての各問いに答えよ。

	苦鉄質岩 (SiO₂量 約50%)	中間質岩 (SiO₂量 約60%)	ケイ長質岩 (SiO₂量 約70%)
火山岩	玄武岩	Y	流紋岩
深成岩	X	閃緑岩	Z
主要造岩鉱物の量(体積%) 100 / 50 / 0	かんらん石　輝石	イ　ア	ウ　カリ長石　黒雲母

図3　火成岩の分類

問1　図3のX～Zの岩石名を答えよ。

問2　図3のア～ウの鉱物名を答えよ。

問3　岩石の色は，図3の右側に向かって白っぽくなるか，黒っぽくなるか。

問4　図4の火成岩の組織の名称を答えよ。

問5　図4の岩石の名称として最も適当なものを，次の①～③のうちから1つ選べ。

①　玄武岩　　②　閃緑岩　　③　流紋岩

かんらん石　輝石　斜長石　0.5mm

図4　偏光顕微鏡で観察した火成岩のスケッチ

4
問1X
Y
Z
問2ア
イ
ウ
問3
問4
問5

●教科書 p.72〜75

14 大気の構成と特徴①／大気の構成と特徴②

学習のまとめ

1 大気の組成

地球の大気が存在する範囲を(1　　　　)という。大気に含まれる(2　　　　)の割合は，場所や季節によって大きく変化する。そのほかの成分の割合は，地表から高度約(3　　　　)km までほぼ一定である。

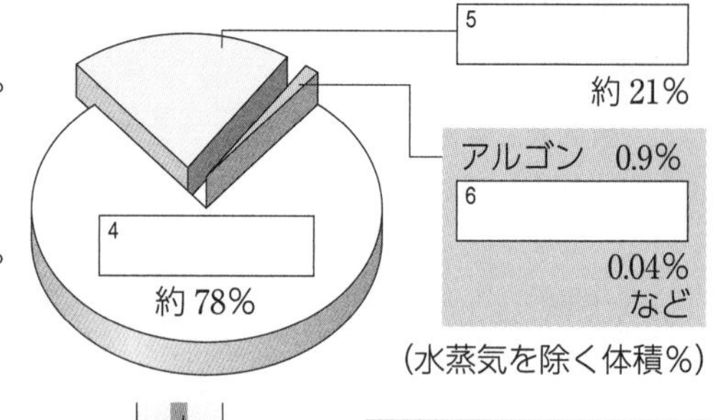

(水蒸気を除く体積%)

2 大気の圧力

大気の圧力は，その場所の上にある(7　　　　)の重さによって生じる。これを(8　　　　)という。気圧は，底面積が 1 m² の大気の柱が底面を押す力で表され，単位は(9　　　　)を用いる。地表における平均的な気圧(1気圧)は，(10　　　　)hPa である。

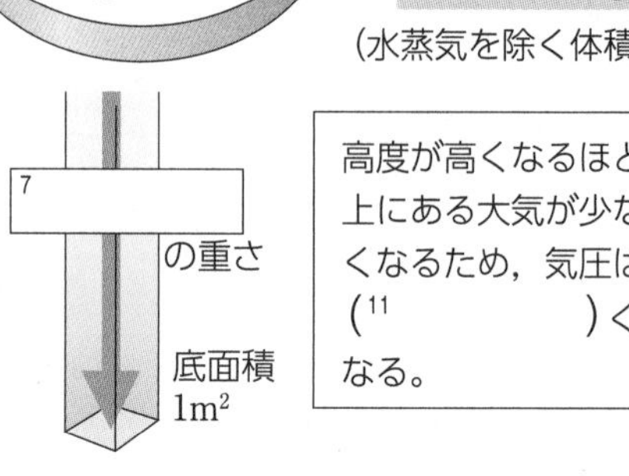

高度が高くなるほど，上にある大気が少なくなるため，気圧は(11　　　　)くなる。

3 大気圏の構造

大気圏は，(12　　　　)の変化にもとづいて，下層から(13　　　　)圏，(14　　　　)圏，(15　　　　)圏，(16　　　　)圏の4つに分けられ，対流圏の上端を(17　　　　)という。

▶対流圏

- 高度が 100 m 高くなるごとに，平均約(18　　　　)℃の割合で気温が低下する。このような気温の変化率を(19　　　　)という。
- 水蒸気が多く，(20　　　　)の変化がおこっている。

▶成層圏

- 成層圏では，紫外線の作用によってオゾンができる。オゾンの多い領域を(21　　　　)といい，特に高度 25 km 付近で多い。
- 成層圏の気温が高くなっているのは，(22　　　　)が紫外線を吸収し，大気を暖めるためである。

▶中間圏

- 高度が高くなるほど，気温は(23　　　　)する。
- (24　　　　)とよばれる薄い雲が見られることがある。

▶熱圏

- 高度が高くなるほど気温は(25　　　　)する。
- 極地方の熱圏では(26　　　　)という発光現象が見られる。

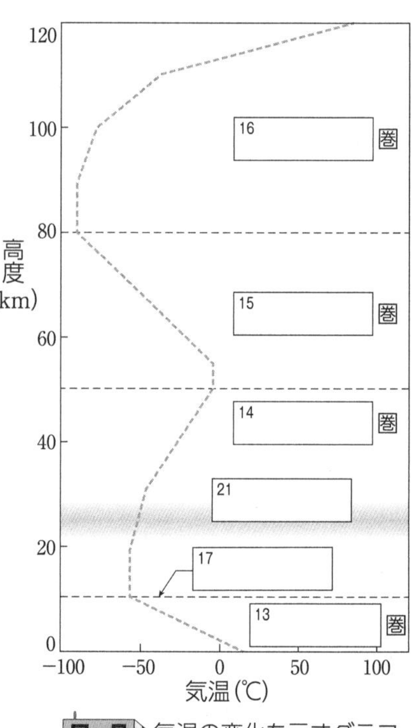

ワーク▶気温の変化を示すグラフを，赤でなぞれ。

説明してみよう！ 思考

山頂で，ふもとに比べてお菓子の袋が膨らむのはなぜか。25字以内で説明せよ。

➡まとめ 2

練習問題

学習日：　　月　　日／学習時間：　　分

知識

48. 大気の組成　次の①～④の文から，正しいものを１つ選べ。

① 大気中に一番多く含まれる成分は酸素である。
② 対流圏の大気の組成は，高度によって大きく変化する。
③ 大気中の水蒸気の割合は，ほとんど変化しない。
④ 大気中に酸素は約21％含まれている。

48 ➡まとめ-1

知識

49. 気圧　次の文章中の(　　)にあてはまる語句や数値を語群から選べ。

(　1　)の圧力のことを気圧という。気圧は，その場所の上にある空気の(　2　)によって生じる。気圧は，底面積が(　3　)m^2の大気の柱が底面を押す力に相当する。地表における平均的な気圧をhPaという単位で表すと(　4　)hPaである。これは，高さが(　5　)mの水柱による圧力とほぼ等しい。

【語群】　密度　重さ　成分　大気　酸素
1　5　10　100　632　1013

49 ➡まとめ-2
(1)
(2)
(3)
(4)
(5)

知識

50. 大気圏の構造　次の図は，地上からの高度を縦軸，気温を横軸にとって，高度による気温の変化を示している。以下の各問いに答えよ。

(1) A～Eの名称を答えよ。

(2) 次の文章の空欄に，適する語句を記入せよ。

Aでは，雲ができたり，雨が降ったりする(　ア　)の変化がおこっている。

Bには，オゾンの濃度が高くなっているオゾン層がある。オゾンは，酸素に(　イ　)が作用してできる。

Cでは，(　ウ　)とよばれる薄い雲が見られることがある。

Dでは，(　エ　)とよばれる色彩豊かな発光現象が観測されることがある。

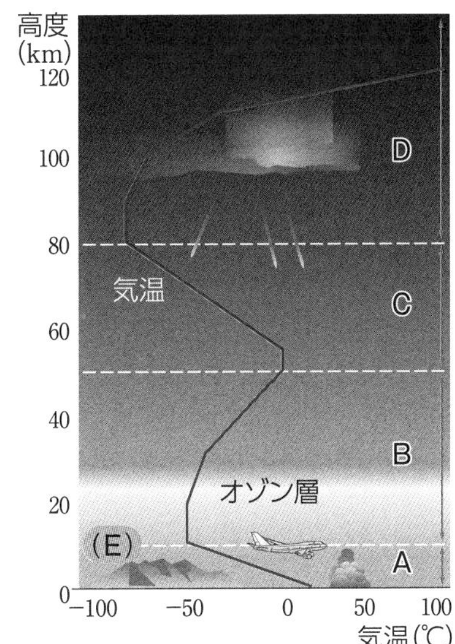

50 ➡まとめ-3
(1)A
B
C
D
E
(2)ア
イ
ウ
エ

知識

51. 大気圏の構造　次の(1)～(5)の文の下線部について，正しいものには○を，誤っているものには，正しい語句を記入せよ。

(1) 大気圏は，上空にいくほど気圧が<u>低下している</u>。
(2) 雲の発生や降雨などの天気の変化は<u>成層圏</u>でおこる。
(3) オゾンは<u>赤外線</u>を吸収して大気を暖めている。
(4) 圏界面の高度は<u>低緯度</u>ほど高くなっている。
(5) 流星は，熱圏の下部から発光し始め，<u>対流圏</u>の上部で消滅することが多い。

51 ➡まとめ-3
(1)
(2)
(3)
(4)
(5)

●教科書 p.76~77

対流圏における水の変化

学習のまとめ

1 水の状態変化

対流圏の水は，(1　　　　)，(2　　　　)，(3　　　　)の3つの状態で存在している。

水は，その状態を変化させるとき，(4　　　　)を吸収したり放出したりする。このような状態変化に伴って出入りする熱を(5　　　　)という。

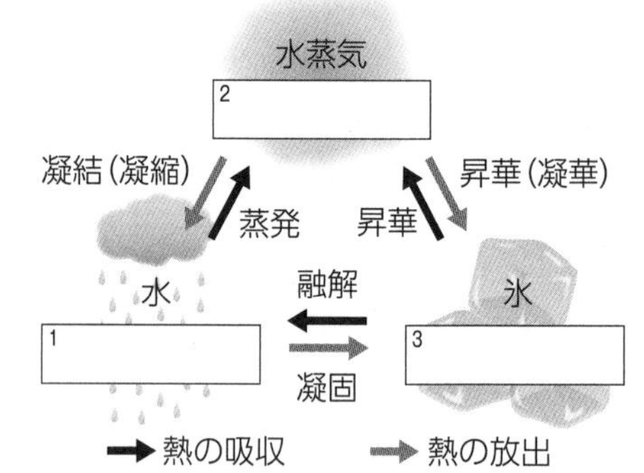

2 大気中の水蒸気

地表の水は，(6　　　　)からのエネルギーを吸収して蒸発し，(7　　　　)になる。

(8　　　　)…空気(9　　　　)m^3が含むことのできる水蒸気の最大量。

大気中の水蒸気の量は，水蒸気圧を用いて表すこともできる。

(10　　　　)…水蒸気が飽和しているときの水蒸気圧。水蒸気圧の単位は(11　　　　)を用いる。

相対湿度…ある温度における(12　　　　)に対する実際の(13　　　　)の割合。

$$相対湿度(\%) = \frac{(14\quad\quad)}{(15\quad\quad)} \times 100$$

露点…水蒸気が(16　　　　)していない空気の温度を下げたとき，水蒸気が(16　　　　)する温度。露点に達すると凝結が始まる。

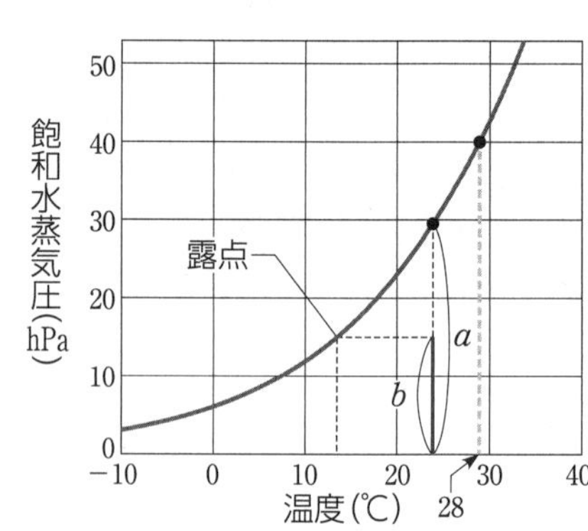

ワーク 温度28℃，相対湿度50%の空気の実際の水蒸気圧を，bの例にならって，青で示せ。

3 雲の発生と降水のしくみ

地表付近の空気塊が上昇すると，熱のやり取りのない状態で(17　　　　)し，温度が下がる。空気塊の温度が露点に達すると，空気中の塵などの微粒子を(18　　　　)として凝結が始まり，水滴を生じる。また，昇華がおこると(19　　　　)の結晶ができる。

水蒸気が水滴や氷晶に変化し，雲ができ始める高さを(20　　　　)という。

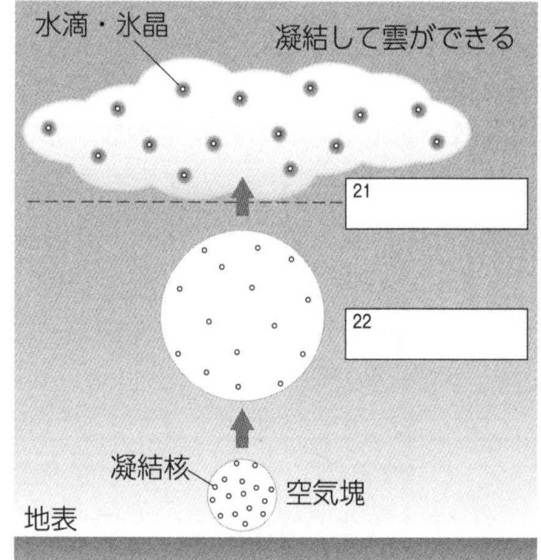

説明してみよう！ 思考

飽和水蒸気圧とは何か，20字以内で説明せよ。

→まとめ 2

知識

52. 水の状態変化 図中の(1)～(6)にあてはまる語句を，次の語群から選べ。同じ語句を2度用いてよい。

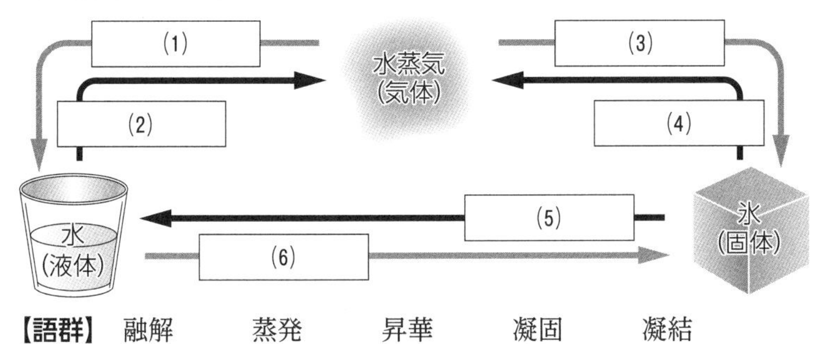

【語群】 融解　蒸発　昇華　凝固　凝結

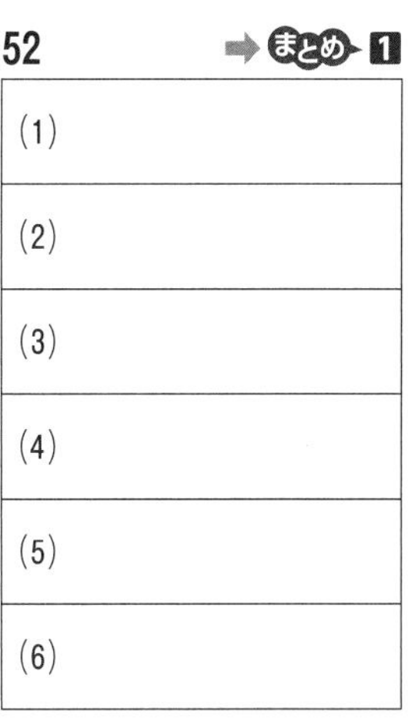

知識

53. 大気中の水蒸気 次の文章の空欄に適する語句を記入せよ。

大気中に含まれる水蒸気の量の最大値を飽和水蒸気量といい，この値は，(　1　)によって決まる。水蒸気の量は，(　2　)で表すこともできる。水蒸気で飽和しているときの水蒸気圧を(　3　)という。

グラフ中の温度 T_1 における飽和水蒸気圧Aは(　4　)hPa，実際の水蒸気圧Bは(　5　)hPaなので，相対湿度(%)は，

$$相対湿度(\%) = \frac{(5)}{(4)} \times 100$$
$$= (\quad 6 \quad)$$

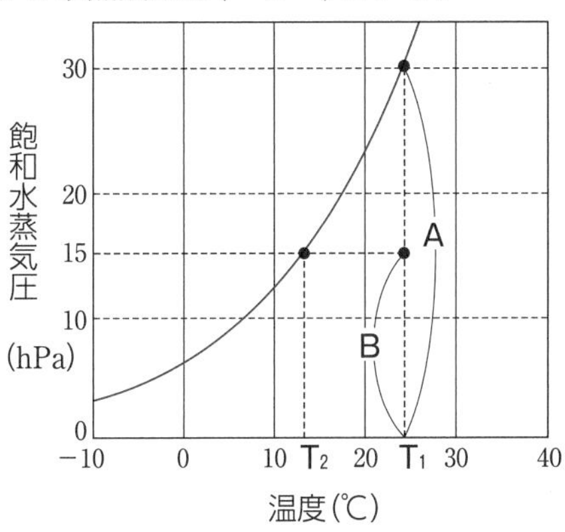

空気の温度が T_1 から T_2 まで下がると，水蒸気が飽和した状態となる。このときの温度 T_2 を(　7　)という。

53 ➡まとめ 2

(1)
(2)
(3)
(4)
(5)
(6)
(7)

知識

54. 大気中の水蒸気 温度が21℃のときに，水蒸気圧を測定した。大気中に含まれる水蒸気圧が18hPaのときの相対湿度を次の値から選べ。ただし，21℃のときの飽和水蒸気圧は25hPaとする。

65%　72%　80%　92%

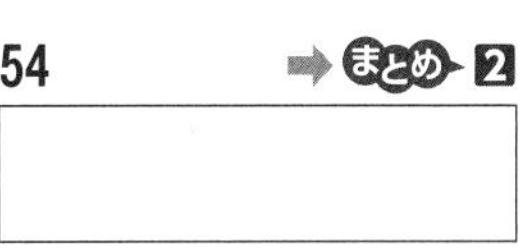

ヒント 相対湿度を求める式を使えば計算できる。

知識

55. 雲の発生 雲の発生に関する次の(1)～(4)の文の下線部について，正しいものには○を，誤っているものには正しい語句を記入せよ。

(1) 雲は空気塊の温度が<u>上昇</u>すると発生する。
(2) 水蒸気は<u>空気中の微粒子</u>を核として凝結する。
(3) 雲は直径<u>1mm</u>程度の水滴や氷晶が集まったものである。
(4) 雲粒が成長すると地表に向かって落下し，<u>雨や雪</u>になる。

55 ➡まとめ 3

(1)
(2)
(3)
(4)

太陽放射と地球放射

学習のまとめ

1 太陽放射

太陽は，膨大なエネルギーを主に(1　　　　　)として宇宙空間に放出している。これを(2　　　　　)という。X線，紫外線，可視光線，赤外線，電波などからなるが，そのエネルギーの約半分は(3　　　　　)によるものである。

地球大気の上端で，太陽放射に垂直な1 m^2の面積が1秒間に受ける太陽放射エネルギーを(4　　　　　)といい，その値は，約(5　　　　　)kW/m^2である。

地表に届く太陽放射は，大気を通過する間に，大気中の雲や微粒子などによって，吸収・(6　　　　　)され，弱くなっている。それでも(7　　　　　)は，大きく減少することなく地表に到達する。

地表に届いた太陽放射は地表を暖めるが，一部は地表で(8　　　　　)され，宇宙空間に戻る。

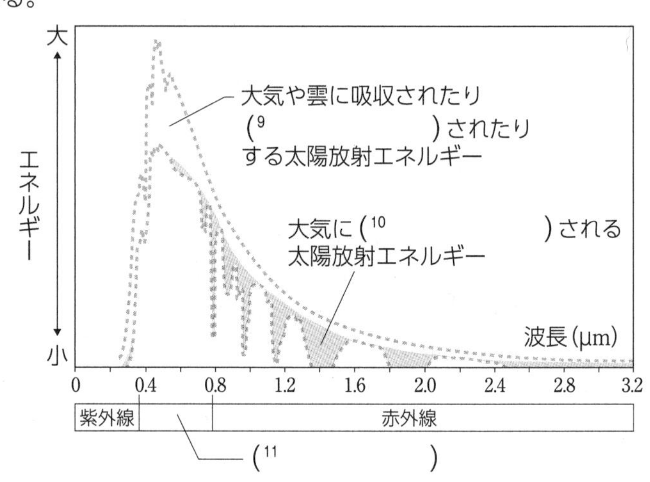

ワーク ▶上のグラフについて，大気の上端で受ける太陽放射エネルギーを赤線，地表に到達する太陽エネルギーを青線でなぞれ。

2 地球放射

地球も宇宙空間に(12　　　　　)を放射している。これを(13　　　　　)という。このエネルギーは，ほとんどが(14　　　　　)であり，(15　　　　　)ともよばれる。

地表から放射された赤外線は，大気中の(16　　　　　)や水蒸気によって強い吸収を受ける。そのため，地表から放出される赤外線の多くは，地球の外に直接出ることができない。

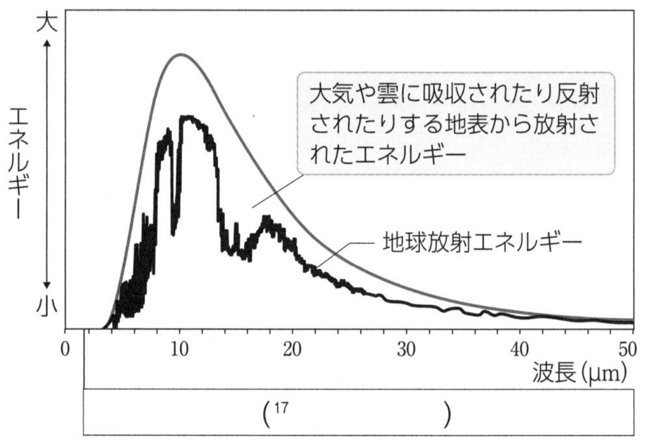

説明してみよう！ 思考

地表から放出される赤外線の多くが，地球の外に直接出られないのはなぜか。25字以内で説明せよ。

➡まとめ 2

練習問題

学習日：　　月　　日／学習時間：　　分

知識

56. 太陽放射　下図は，太陽放射の波長とエネルギーの分布を示している。次の問いに答えよ。

(1)　Aは，どこで受ける太陽放射エネルギーか。

(2)　Bは，何に吸収されたり反射されたりする太陽放射エネルギーか。

(3)　Cは，どこへ到達した太陽放射エネルギーか。

(4)　Cのエネルギーが最大となる電磁波の波長領域を次の中から選べ。

紫外線　　可視光線　　赤外線

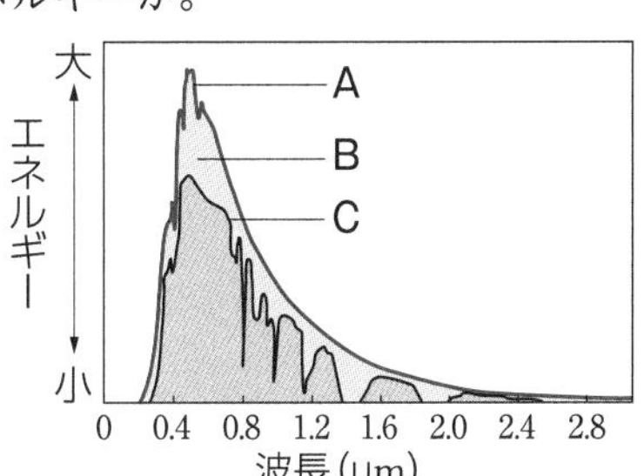

56　➡まとめ 1

(1)

(2)

(3)

(4)

知識

57. 太陽放射　次の(1)～(4)の文の下線部について，正しいものには○を，誤っているものには，正しい語句を記入せよ。

(1)　太陽放射エネルギーの約半分は<u>紫外線</u>によるものである。

(2)　<u>地表</u>で，太陽光線に垂直な 1 m^2 の面積が 1 秒間に受ける太陽放射エネルギーを太陽定数という。

(3)　太陽定数の値は約 <u>1.37 kW/m^2</u> である。

(4)　太陽放射のうち，大気中の水蒸気や二酸化炭素によって吸収される波長領域は，主に<u>電波</u>である。

57　➡まとめ 1

(1)

(2)

(3)

(4)

知識

58. 太陽放射　地球全体で 1 秒間に受ける太陽放射エネルギーの総量はいくらか。太陽定数を A(kW/m^2)，地球の半径を R(m)，円周率を π として表せ。

58　➡まとめ 1

kW

知識

59. 地球放射　次の①～④の文のうち，正しいものを 1 つ選べ。

①　大気中の二酸化炭素や水蒸気によるエネルギーの吸収は，主に X 線の波長領域で生じる。

②　地球放射エネルギーの大部分は，可視光線が占めている。

③　地表から放出される赤外線の多くは，直接宇宙空間に出ることができない。

④　地球放射は，紫外放射ともよばれる。

59　➡まとめ 2

知識

60. 太陽放射と地球放射　次の各問いに答えよ。

(1)　太陽放射に関係する次の電磁波を，波長の短い順に並べよ。

ア　可視光線　　イ　紫外線　　ウ　赤外線

(2)　次の①～③に関係する電磁波を紫外線，可視光線，赤外線の中から選べ。

①　太陽放射のうち，大きく減少することなく地表に到達する。

②　成層圏でオゾンによって吸収される。

③　地球から放射される地球放射エネルギーの大部分を占める。

60　➡まとめ 1 2

(1)　→　→

(2)①

②

③

地球を出入りするエネルギー

●教科書 p.82～83

学習のまとめ

1 地球のエネルギー収支

地表や大気に吸収される太陽放射エネルギーの量と，地球放射エネルギーの量は等しく，地球のエネルギー収支の平衡，すなわち(1　　　　　)が保たれている。

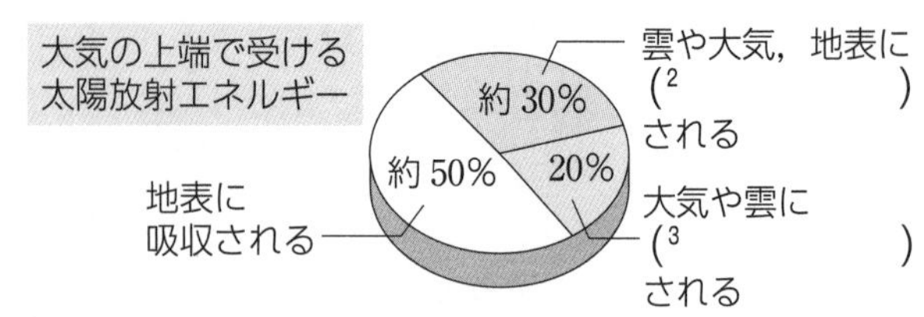

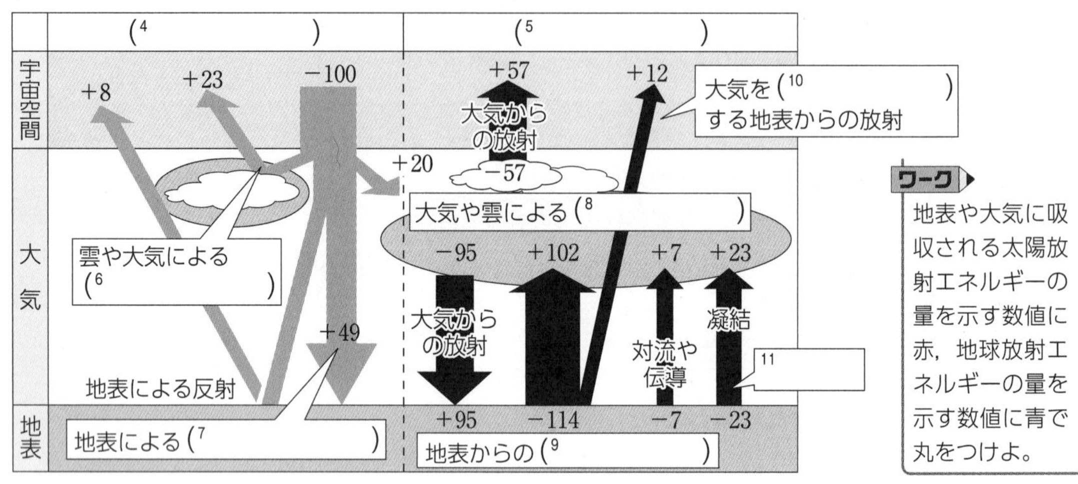

ワーク 地表や大気に吸収される太陽放射エネルギーの量を示す数値に赤，地球放射エネルギーの量を示す数値に青で丸をつけよ。

2 温室効果

大気中の(12　　　　　)や二酸化炭素は，地表から放射された赤外線の一部を吸収したのち，地表と宇宙空間に放射する。この働きによって地表の(13　　　　　)が宇宙空間へ逃げていくのを防いでいる。このような効果を(14　　　　　)という。

また，赤外線を吸収する気体を(15　　　　　)といい，(16　　　　　)や水蒸気，メタン，一酸化二窒素，フロンなどがある。

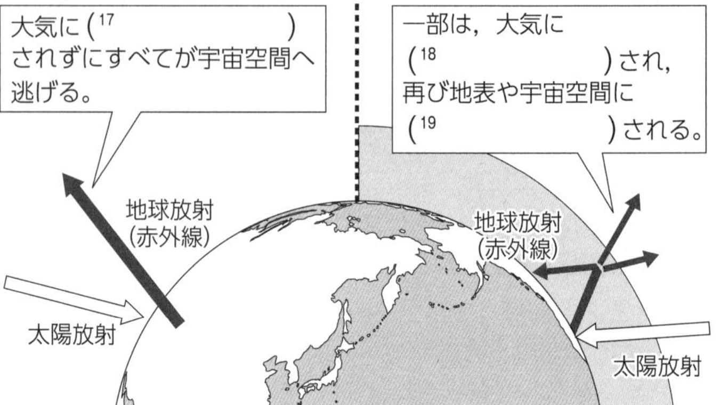

3 放射冷却

地表から赤外線が放射され，地表の温度や地表付近の気温が低下する現象を(20　　　　　)という。上空に(21　　　　　)がある場合は，地表から放射された赤外線の一部が吸収され，雲が放射する赤外線の一部が地表を暖めるので，放射冷却は(22　　　　　)まる。

説明してみよう！ 思考

地球全体の温度が安定しているのはなぜか。25字以内で説明せよ。

→まとめ 1

									10										20

練習問題

学習日：　月　日／学習時間：　分

知識

61. 地球のエネルギー収支 下の図は，地球のエネルギー収支を模式的に表している。図中の数値は，地球が大気の上端で受ける太陽放射エネルギーを100として示したものである。次の各問いに答えよ。

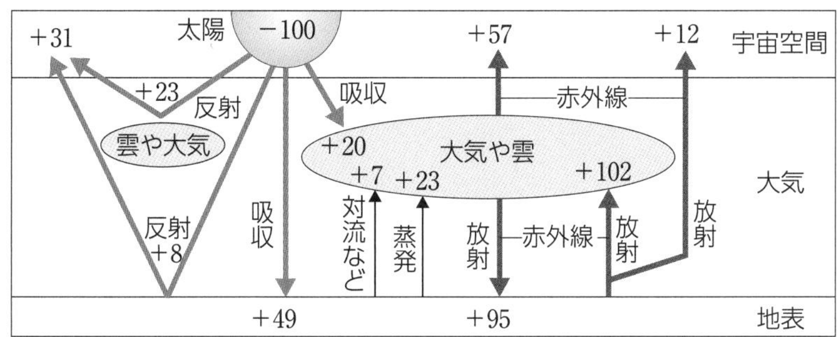

(1) 大気や雲が吸収するエネルギーは，いくらになるか。

(2) 地球から赤外線として宇宙空間に放出されているエネルギーは，いくらになるか。

61	➡まとめ 1
(1)	
(2)	

ヒント 地球から宇宙空間に放出されるエネルギーは，大気から放射される赤外線と，大気を通過して地表から放射される赤外線との総和である。

知識

62. 温室効果 次の空欄ア～オに適する語句を下の語群から選べ。

太陽放射のうち，(　ア　)は大きく減少することなく地表へ到達する。地表から放射される(　イ　)は，(　ウ　)ガスに吸収されたのち，地表と宇宙空間に放射される。温室効果ガスが増加すると，(　エ　)への放射エネルギーが増加するため，地表の温度が(　オ　)する。

【語群】

赤外線　可視光線
紫外線　温室効果
地表　温暖化
上昇　下降

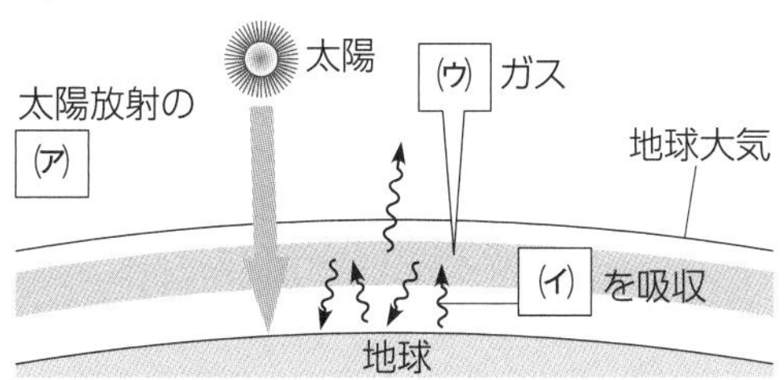

62	➡まとめ 2
ア	
イ	
ウ	
エ	
オ	

知識

63. 地球の熱平衡 次の(1)～(5)の文の下線部について，正しいものには○を，誤っているものには，正しい語句を記入せよ。

(1) 地表や大気に吸収される太陽放射エネルギーの量と，地球放射エネルギーの量は<u>等しい</u>。

(2) 大気の働きによって，地表からの放射が宇宙空間へ出ていくのが抑えられ，地表の温度が<u>保たれている</u>。

(3) 温室効果ガスが増加すると地表への放射エネルギーが<u>減少</u>する。

(4) 放射冷却は，風が弱く，<u>くもった</u>夜間に顕著となる場合が多い。

(5) 逆転層が現れると，地表で<u>霧</u>が発生することがある。

63	➡まとめ 1 2 3
(1)	
(2)	
(3)	
(4)	
(5)	

第3章 ● 大気と海洋

●教科書 p.86〜87

エネルギー収支の緯度分布

学習のまとめ

1 地球が受け取る太陽放射エネルギー

地球が太陽から受け取る太陽放射エネルギーの量は，地球が球形であるため，(1　　　　)によって大きく異なり，(2　　　　)地域で多く，(3　　　　)地域で少ない。

赤道上の地表に届く太陽放射エネルギーの量を1としたとき，緯度45°の地表では，約(4　　　　)倍，60°の地表では，約(5　　　　)倍になる。

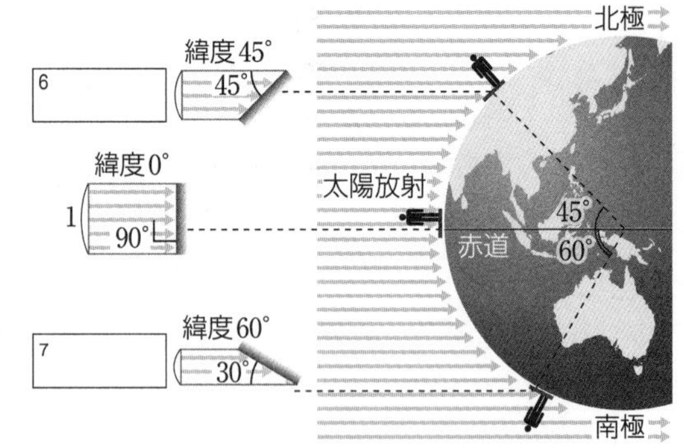

2 緯度ごとのエネルギー収支

地球が受け取る太陽放射エネルギーと地球放射エネルギーを比較すると，赤道付近では(8　　　　)エネルギーの方が多く，極付近では(9　　　　)エネルギーの方が多い。したがって，エネルギー収支は，緯度ごとに見ると(10　　　　)が保たれていない。

このことから，低緯度地域の熱が，高緯度地域へ(11　　　　)されていると考えることができる。

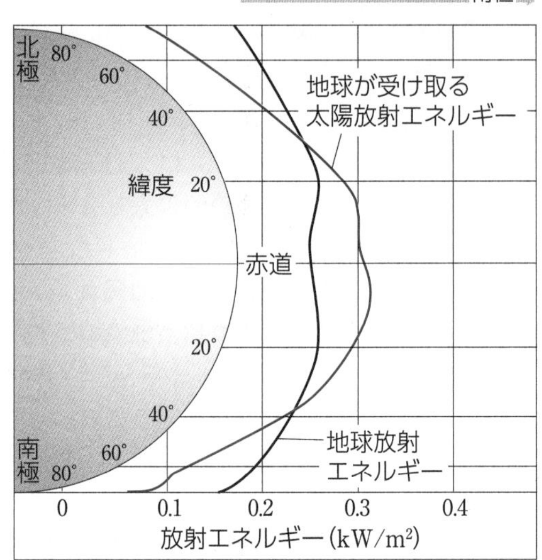

ワーク ▶図において，地球が受け取る太陽放射エネルギーが地球放射エネルギーよりも多くなっているところを赤で，少なくなっているところを青で塗れ。

3 南北の熱の輸送

地球における南北の熱輸送は，(12　　　　)と(13　　　　)が担っている。大気と海洋は，地球が受け取る太陽放射エネルギーに(14　　　　)による差があるため，地球規模で(15　　　　)している。これによって，(16　　　　)地域から(17　　　　)地域へ熱が運ばれ，両者の温度差が(18　　　　)く保たれている。

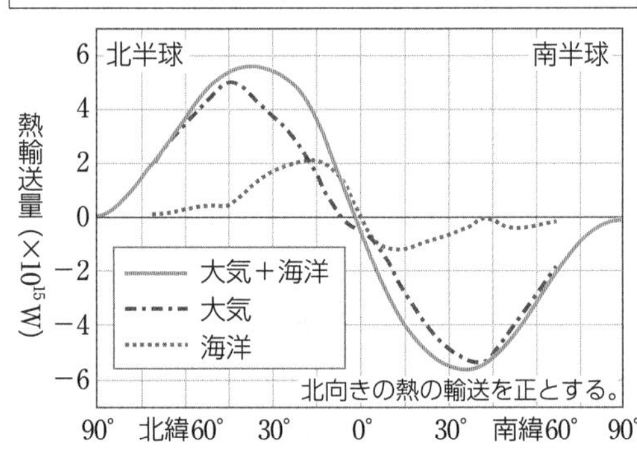

地球に大気と海洋が存在しないと仮定すると，低緯度地域と高緯度地域の温度差は，現在よりも(19　　　　)くなると考えられる。

説明してみよう！ 思考

低緯度地域と高緯度地域の温度差が小さく保たれるのはなぜか。「熱」を用いて，25字以内で説明せよ。

➡ まとめ 3

									10										20

学習日：　　月　　日／学習時間：　　分

知識

64. 地球が受け取る太陽放射エネルギー　次の問いに答えよ。

赤道地域で受け取る太陽光線の量を1としたとき，緯度45°，緯度60°では，受け取る太陽光線の量は，赤道地域の何倍になるか。

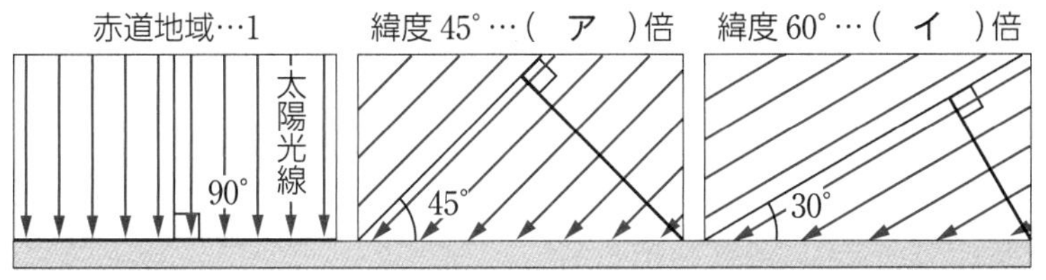

64 →まとめ 1

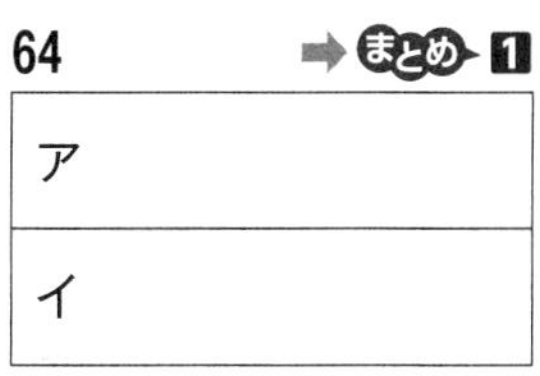

知識

65. 緯度ごとのエネルギー収支　次の問いに答えよ。

(1) 右図の曲線は，それぞれ，地球が受け取る太陽放射エネルギーか，地球放射エネルギーのいずれかの緯度分布を示している。Aの部分では，「地球が受け取る太陽放射エネルギー」と「放出する地球放射エネルギー」のどちらが多くなっているか。

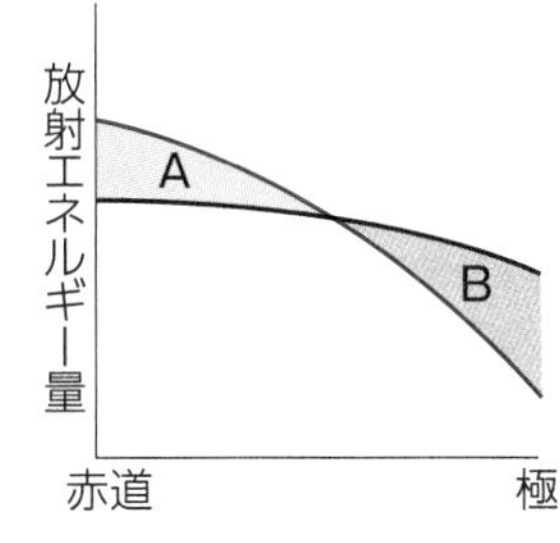

(2) 地球規模のエネルギーの輸送はどのように行われるか，正しいものを選べ。

ア　Aのエネルギーが極付近へ運ばれる。

イ　Bのエネルギーが赤道付近へ運ばれる。

(3) 地球規模のエネルギーの輸送を担っているものを2つ答えよ。

65 →まとめ 2

(1)

(2)

(3)

ヒント　大気と海洋は，地球規模で循環することでエネルギー量の差を減らしている。

思考

66. 南北の熱の輸送　次の問いに答えよ。

(1) 地球全体での熱輸送量が大きいのは，大気と海洋のどちらか。

(2) 赤道から北緯20°付近までの範囲において，熱輸送量が大きいのは，大気と海洋のどちらか。

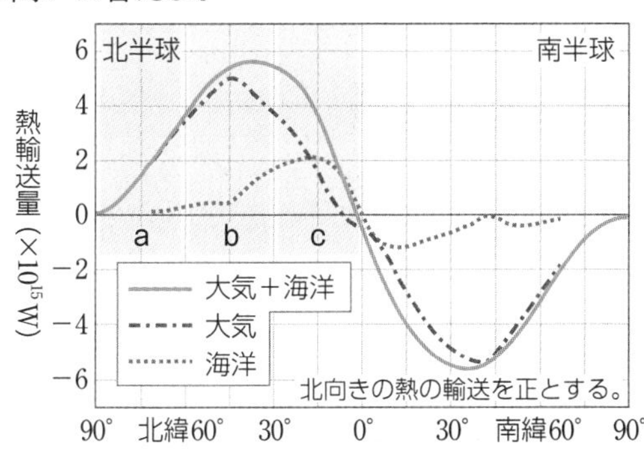

(3) 大気と海洋を合わせた熱輸送が最も盛んな地域を示すものを，図中のa～cから選べ。

(4) 大気と海洋の熱輸送がないと仮定すると，北極の気温は現在と比べてどのように変化すると考えられるか。以下の語群から選べ。

高くなる　　変わらない　　低くなる

66 →まとめ 3

(1)

(2)

(3)

(4)

19 風

学習のまとめ

1 風が吹くしくみ

風は，異なる２地点間での（1　　　　　）が原動力となっておこる。気圧の差が生じるしくみの違いによって，（2　　　　　），（3　　　　　），（4　　　　　）などの風が吹く。

2 海陸風

地表は海面に比べて（5　　　　　）やすく冷めやすい。日中は，地表が先に暖まり，暖められた地表の空気は膨張して（6　　　　　）が小さくなるため，（7　　　　　）が発生し，地表付近の気圧は，海面に比べて（8　　　　　）なる。この気圧の差によって，海から陸に向かう風，（9　　　　　）が吹く。

夜間は地表よりも海面の方が暖かくなるため，陸から海に向かう風，（10　　　　　）が吹く。

気圧が［12　　　］い　海からの風　気圧が［13　　　］い

温度が高い　温度が低い

このように，１日を周期として海風と陸風が交代する風を（11　　　　　）という。

3 季節風（モンスーン）

季節に特有な向きに吹く風を（14　　　　　）という。

	夏	冬
大　陸	温度が高く， 気圧が低い。	温度が（15　　　　）く， 気圧が（16　　　　）い。
海　洋	温度が（17　　　　）く， 気圧が（18　　　　）い。	温度が（19　　　　）く， 気圧が（20　　　　）い。
東アジアや東南アジアの風の吹き方	（21　　　　）から 南東や南西の季節風が吹く	（22　　　　）から 北西や北東の季節風が吹く

4 高気圧と低気圧

	高気圧	低気圧
地上の気圧	周囲よりも気圧が （23　　　　）い	周囲よりも気圧が （24　　　　）い
地上の風	中心から吹き出す	中心へ風が吹き込む
鉛直方向の空気の動き	（25　　　　）気流	（26　　　　）気流
天気	（27　　　　）が発生しにくく，晴天になる	（28　　　　）が発生しやすく，天気がくずれやすい

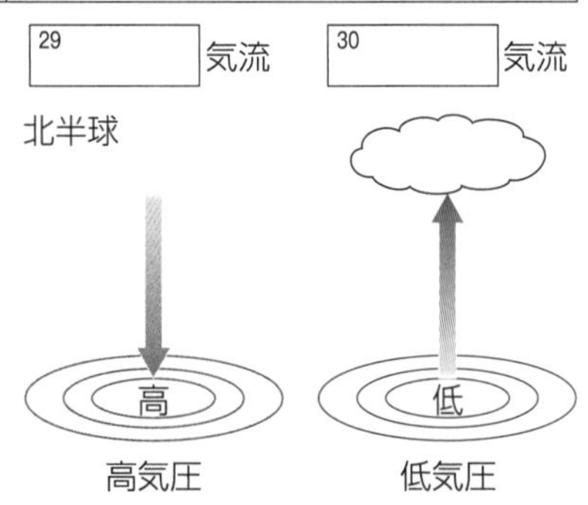

ワーク ▶図中に，高気圧から吹き出す地上付近の風を青い矢印で，低気圧に吹き込む地上付近の風を赤い矢印でかけ。

思考

地表の空気が暖められると，上昇気流が生じるのはなぜか。20字以内で説明せよ。

➡ まとめ 2

練習問題

学習日：　　月　　日／学習時間：　　分

📖知識
☑ **67. 風**　次の(1)～(3)の文は，それぞれどのような風について説明したものか，語群から選び答えよ。

(1) 大陸と海洋の季節による気圧配置の違いによって吹く風
(2) 夜間に地表よりも海面の気温が高くなることで，陸から海に向かって吹く風
(3) 海岸付近で，日中と夜間で風向きが交互に変わる風

【語群】 海陸風　　季節風　　海風　　陸風

67 ➡まとめ 1 2 3
(1)
(2)
(3)

📖知識
☑ **68. 海陸風**　次の(1)～(3)の文の下線部について，正しいものには○を，誤っているものには正しい語句を記入せよ。

(1) 海岸平野では，昼は<u>海から陸に向かって</u>風が吹く。
(2) 空気は暖められると膨張して密度が<u>大きくなる</u>。
(3) <u>下降気流</u>が発生すると，地表付近の気圧は低くなる。

68 ➡まとめ 2
(1)
(2)
(3)

ヒント 陸は，暖まりやすく冷めやすい。海は，暖まりにくく冷めにくい。

📖知識
☑ **69. 季節風（モンスーン）**　東アジアの季節風について次の問いに答えよ。

(1) 大陸と海洋で，夏に，より温度が高くなるのはどちらか。
(2) 大陸と海洋で，冬に，より温度が低くなるのはどちらか。
(3) 図Aのア，イのうち，高気圧になっているのはどちらか。
(4) 次の図A，図Bについて，それぞれの季節を答えよ。

図A

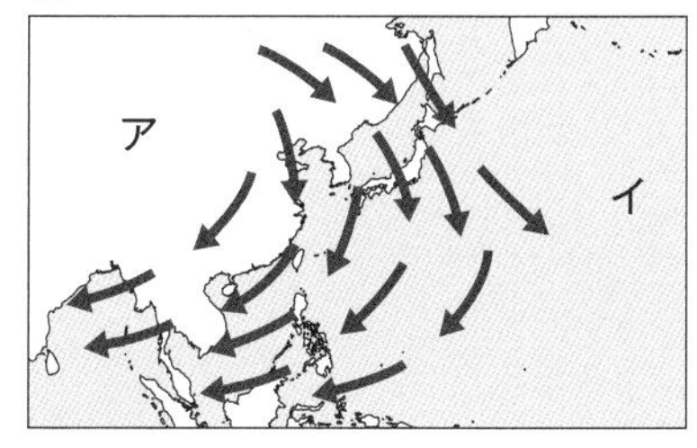

図B

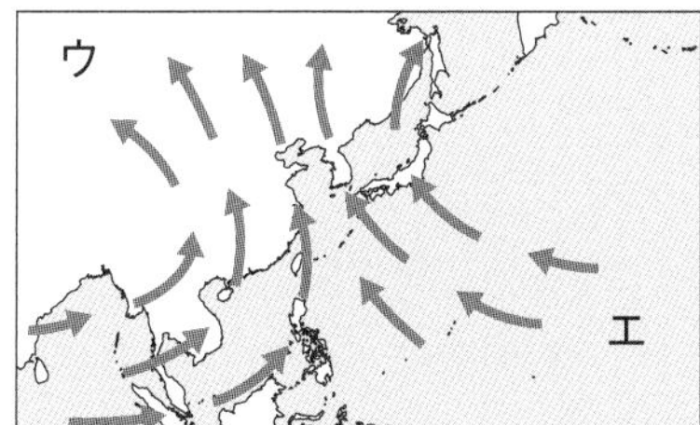

69 ➡まとめ 3
(1)
(2)
(3)
(4)図A
図B

📖知識
☑ **70. 高気圧と低気圧**　次のア～エの各文は，高気圧，低気圧のどちらを説明したものか答えよ。

ア 周囲よりも気圧が低い。
イ 周辺から集まった空気により，上昇気流が生まれる。
ウ 上空で集まった空気により，下降気流が生まれる。
エ 雲が発生し，雨や雪を降らせやすい。

70 ➡まとめ 4
ア
イ
ウ
エ

📖知識
☑ **71. 高気圧と低気圧**　北半球の高気圧と低気圧は，地上ではどのような風の吹き方をしているか。組合せの正しいものを選べ。

① アとウ　　② アとエ
③ イとウ　　④ イとエ

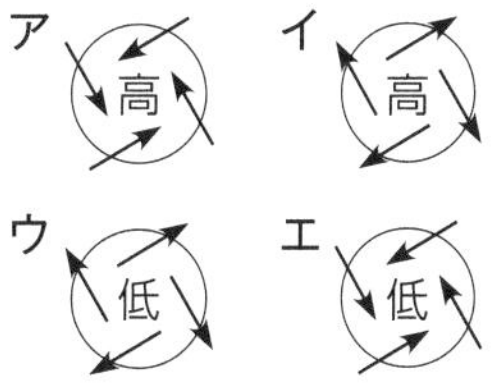

ア
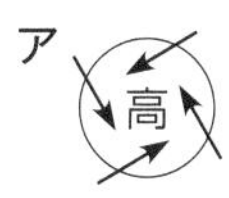

イ
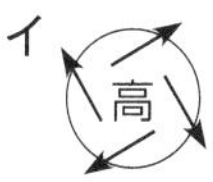

ウ

エ 低

71 ➡まとめ 4

第3章 ● 大気と海洋

20 大気の大循環①／大気の大循環②

●教科書 p.90～93

学習のまとめ

1 地球規模の大気の大循環

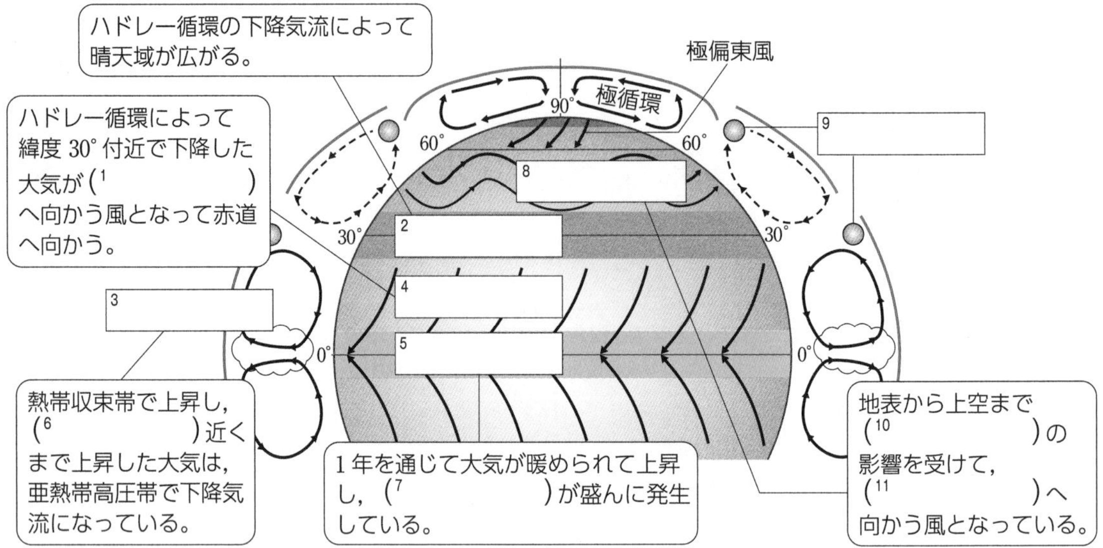

2 低気圧

▶熱帯低気圧

熱帯の海域は，海面温度が26℃以上と高く，（12　　　　）が発生しやすい。上昇気流の中で，水蒸気が（13　　　　）して（14　　　　）が発生すると，やがて渦をつくり，くり返し上昇気流をおこして（15　　　　）となる。

北西太平洋または南シナ海で発生した熱帯低気圧のうち，最大風速が約（16　　　　）m/s 以上になったものを（17　　　　）とよぶ。

▶温帯低気圧

北半球では，偏西風が南北に大きく波うつと，南側の（18　　　　）が北へ，北側の（19　　　　）が南へ吹き込み，（20　　　　）が発生する。

低気圧の東側では，南からの暖気が寒気の上にはい上がり，（21　　　　）が形成される。

低気圧の西側では，北からの寒気が暖気の下に潜り込み，（22　　　　）が形成される。

温帯低気圧のエネルギー源は，寒気と暖気の（23　　　　）である。

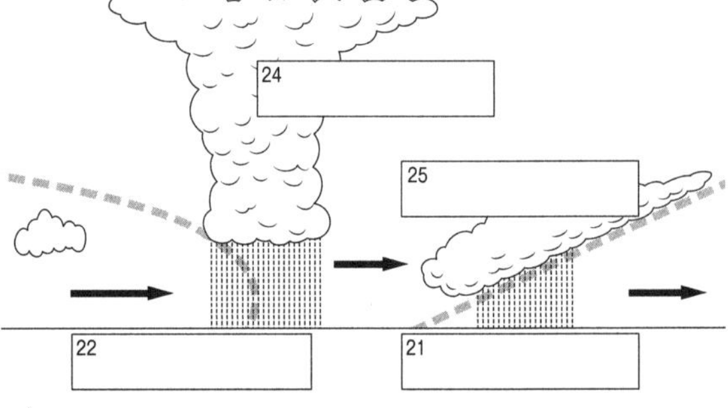

ワーク ▶寒冷前線面を青線，温暖前線面を赤線で示し，寒気を青で塗れ。

思考

南北両半球の緯度30度付近には，雲があまり見られないのはなぜか。30字以内で説明せよ。

➡ まとめ 1

練習問題

学習日：　　月　　日／学習時間：　　分

知識

72. 大気の大循環　次の(1)～(6)の文は，大気の大循環について述べたものである。それぞれが説明しているものを語群から選べ。

(1) 赤道付近で上昇した空気が，緯度 30° 付近で下降し，赤道付近へ向かう循環。

(2) 下降気流によって，晴天域が広がる地帯。

(3) 年間を通して大気が上昇し，雲が発生する地帯。

(4) 緯度 60° 以上の高緯度で吹く，東寄りの風。

(5) 緯度 30°～60° の地域で吹くことが多い，西から東へ向かう風。

(6) 圏界面付近で，特に強く吹く西風。

【語群】熱帯収束帯　ハドレー循環　亜熱帯高圧帯　ジェット気流　極偏東風　偏西風　貿易風

72	➡まとめ 1
(1)	
(2)	
(3)	
(4)	
(5)	
(6)	

思考

73. 大気の大循環　気象衛星の画像をもとに，次の(1)～(4)に適するものを語群から選べ。

(1) 多くの雲が発生している①の地帯を何とよぶか。

(2) 雲がほとんどみられない②の地帯を何とよぶか。

(3) ②の地帯から①の地帯に向かって吹く東寄りの風を何とよぶか。

(4) ③付近で吹く西風を何とよぶか。

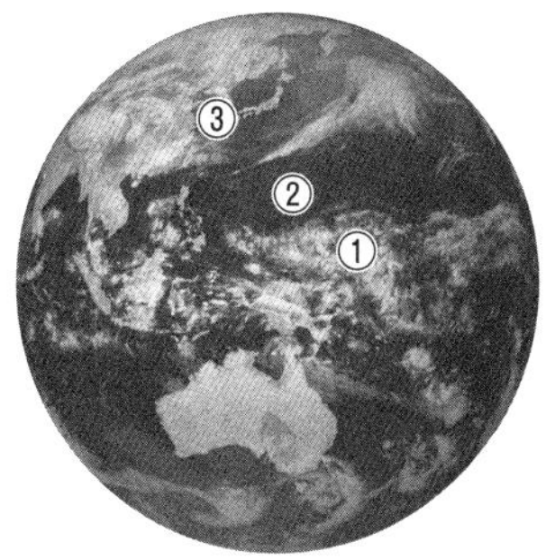

【語群】偏西風　貿易風　熱帯収束帯　亜熱帯高圧帯

73	➡まとめ 1
(1)	
(2)	
(3)	
(4)	

知識

74. 低気圧　次の問いに答えよ。

(1) 次の文中の下線部について，正しいものには○を，誤っているものには正しい語句を答えよ。

北半球では，偏西風の流れが a <u>南北</u>に波うつと，南側の暖気が北へ，北側の寒気が南へ吹き込み，b <u>熱帯低気圧</u>が発生する。

寒気と暖気が接する場所には，前線が形成される。南からの暖気は，寒気の上にはい上がり，c <u>閉塞前線</u>になる。また，北からの寒気は，暖気の下にもぐり込み，d <u>温暖前線</u>になる。北半球では，温帯低気圧の，e <u>東側</u>に温暖前線，西側に寒冷前線が形成される。

(2) 前線の断面を示した下図の①，②にあてはまる雲の名称を答えよ。

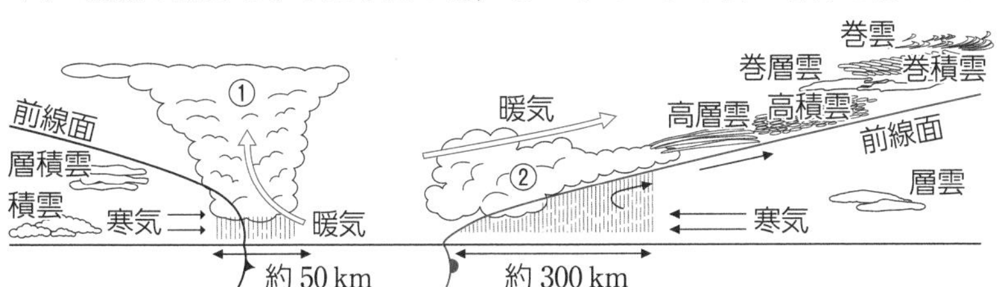

(3) 北西太平洋または南シナ海で発生した熱帯低気圧のうち，最大風速が約 17 m/s 以上になったものを何とよぶか。

74	➡まとめ 2
(1)a	
b	
c	
d	
e	
(2)①	
②	
(3)	

ヒント　乱層雲は，広い範囲に雲ができる。

21 海洋の構造／海洋の大循環

●教科書 p.94〜97

学習のまとめ

1 海水の塩分

海水には，さまざまな物質がとけ込んでいる。その多くは，塩化ナトリウムや塩化マグネシウムなどの(1　　　　　　)である。

海水の(2　　　　　　)は，海水 1 kg 中のすべての塩類の質量で表され，およそ(3　　　　　　)g である。

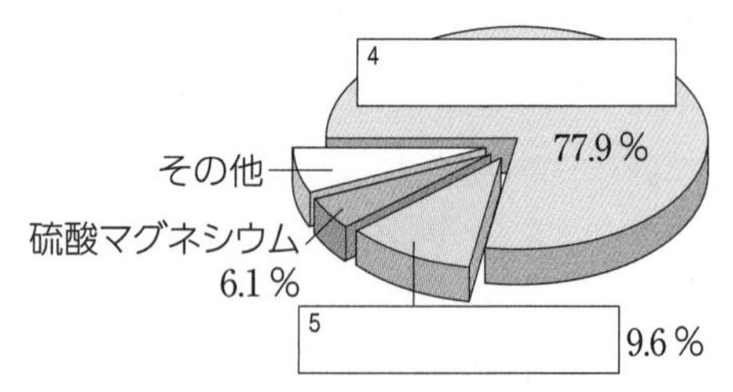

2 海洋の層構造

海洋は，(6　　　　　　)の変化にもとづいて，海面から深海へ，3 つの層に分けられる。

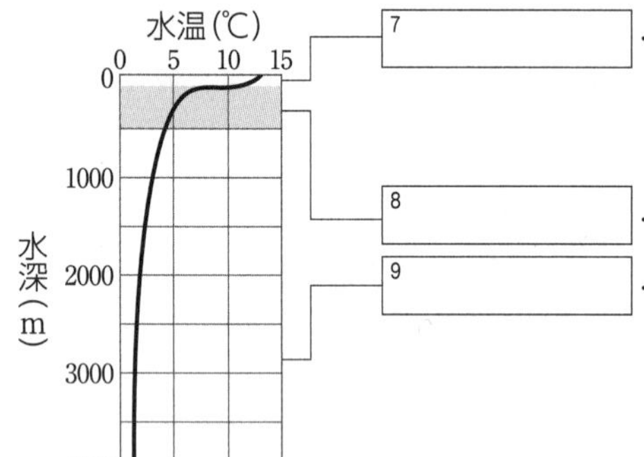

7 …太陽放射エネルギーで暖められたり，(10　　　　　　)によってかき混ぜられたりする。季節や地域によって(11　　　　　　)が大きく変化する。

8 …深さとともに，急激な水温の(12　　　　　　)が見られる。

9 …水温は，深さとともに緩やかに(13　　　　　　)する。季節や(14　　　　　　)による変化が少ない。水深 2000 m よりも深くなると，世界のどの海域でも，水温は約 2 ℃でほぼ(15　　　　　　)になる。

海水は，大陸構成する岩石などに比べて暖まりにくく，(16　　　　　　)にくい。また，海面付近の海水は，盛んに混ざり合っており，大陸よりも(17　　　　　　)変化の幅が小さい。そのため，海洋は，(18　　　　　　)の著しい変動を抑える役割を果たしている。

3 海洋表層の循環

海洋表層の海水の水平方向の動きを(19　　　　　　)という。海流の向きと強さは，大規模な(20　　　　　　)と自転の影響によって決まる。

黒潮は，北太平洋を一周する大きな環状の流れの一部である。このような海流の大循環を(21　　　　　　)という。

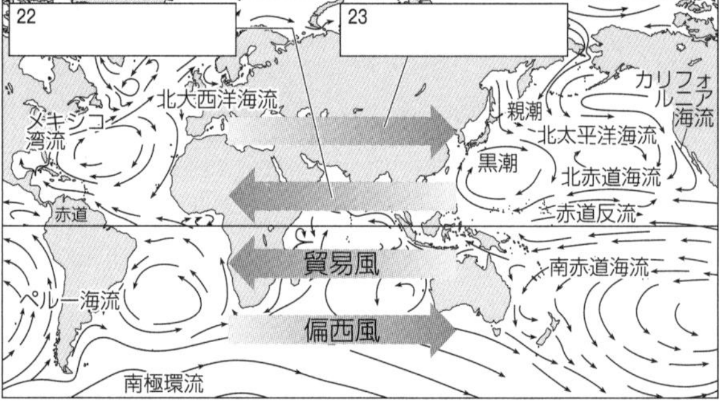

ワーク 図中に，北半球と南半球で，大西洋に見られる環流を，それぞれ流れている方向がわかるように，なめらかな矢印でかけ。

4 深層に及ぶ循環

水温が低く，塩分が高い海水の密度は大きい。このような海水は，海底に向かって沈み込み，表層と(24　　　　　　)での大循環を形成する。

説明してみよう！ 思考

海洋が気候の著しい変動を抑える役割を果たしているのは，大陸を構成する岩石と比べてどのような性質をもつためか。20字以内で説明せよ。

→ まとめ 2

									10										20

知識

75. 海水の塩分　右の表は，海水に含まれる塩類の組成を表したものである。(1)，(2)には物質名を，(3)には数値を記入せよ。

(1)	77.9%
(2)	9.6%
硫酸マグネシウム	6.1%
硫酸カルシウム	4.0%
塩化カリウム	2.1%
その他	0.3%

海水 1 kg 中のすべての塩類の質量は，およそ［(3)］g である。

75　➡まとめ 1

(1)
(2)
(3)

知識

76. 海洋の層構造　次の文章の空欄にあてはまる語句を答えよ。

海洋は，水温の変化にもとづき，3つの層に分けられる。海面付近の(　1　)と最下層の(　2　)の境界付近では，急激な(　3　)の低下が見られる。この部分を水温躍層という。(　1　)は太陽放射エネルギーによって暖められたり，風によってかき混ぜられたりする影響で，季節や地域によって水温が変化する。一方，(　2　)は深さとともに水温が極めて緩やかに低下し，(　4　)m よりも深くなると約(　5　)℃と一定である。

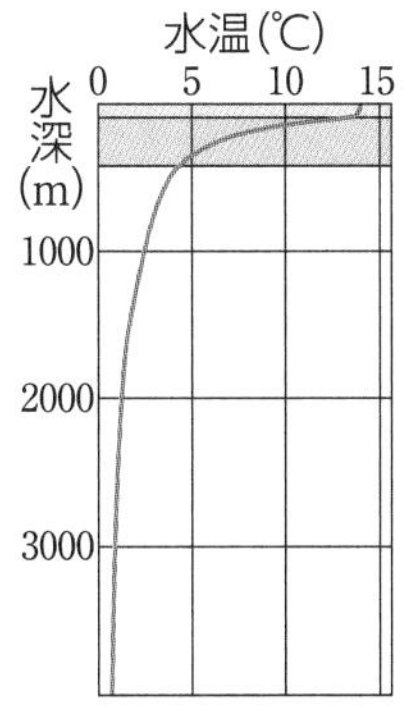

76　➡まとめ 2

(1)
(2)
(3)
(4)
(5)

ヒント　3つの層で，最も急激な温度変化がみられるのは水温躍層である。

知識

77. 表層の循環　次の(1)～(4)の文の下線部について，正しいものには○を，誤っているものには正しい語句を記入せよ。

(1)　黒潮は，北太平洋を一周する<u>環状の流れ</u>の一部である。
(2)　海流とは，表層の海水の<u>鉛直方向</u>の動きのことをいう。
(3)　海流の向きと強さは，大規模な風と地球の<u>公転</u>の影響で決まる。
(4)　海流は，貿易風や<u>偏西風</u>などの大規模な風の影響を受ける。

77　➡まとめ 3

(1)
(2)
(3)
(4)

知識

78. 深層水循環　次の各問いに答えよ。

(1)　深層水の循環方向として正しいのは，図中の矢印 a ⟶，b ┈┈➝ のいずれか答えよ。
(2)　深層水循環にかかる期間として最も適当なものを語群から選べ。

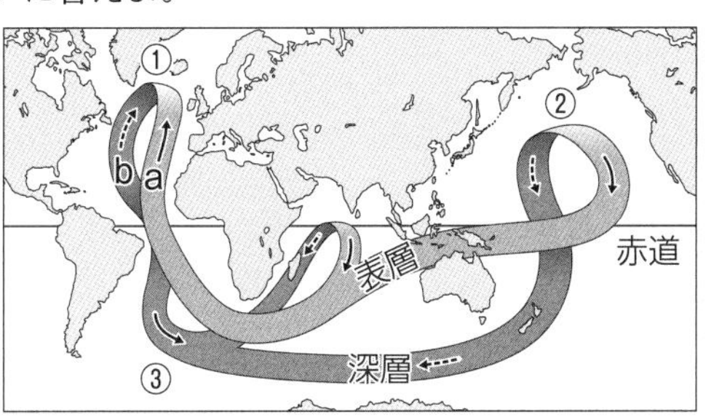

【語群】　数年　　数十年　　数百年　　数千年　　数億年

(3)　図中の①～③の部分の説明としてあてはまるものを答えよ。
ア　南極海で再び冷やされる。
イ　上層の暖かい海水と混ざりながら浮上する。
ウ　冷やされた海水が海底に沈み込む。

78　➡まとめ 4

(1)
(2)
(3)①
②
③

●教科書 p.98～99

エルニーニョ現象とラニーニャ現象

学習のまとめ

1 エルニーニョ現象とラニーニャ現象

東経 180° 付近からペルー沿岸にかけての広い海域で，海面水温が平年よりも高くなる現象を(1　　　　)，それとは逆に低くなる現象を(2　　　　)という。これらは，日本の気象にも影響を及ぼすと考えられている。

①平年の状態

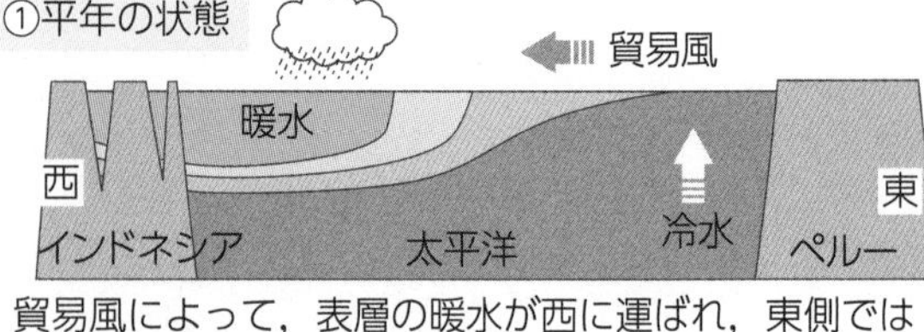

貿易風によって，表層の暖水が西に運ばれ，東側では低温の深層水が湧き上がっている。

②エルニーニョ現象のとき

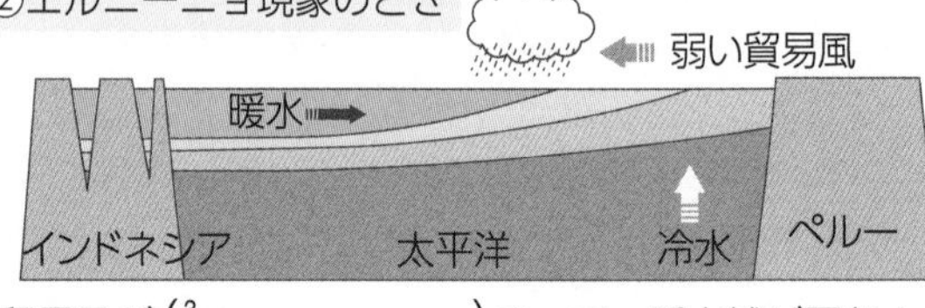

貿易風が(3　　　　)まって，暖水域が平年よりも(4　　　　)へ広がる。
冷水の上昇が(5　　　　)まる。

エルニーニョ現象発生時
1997年11月

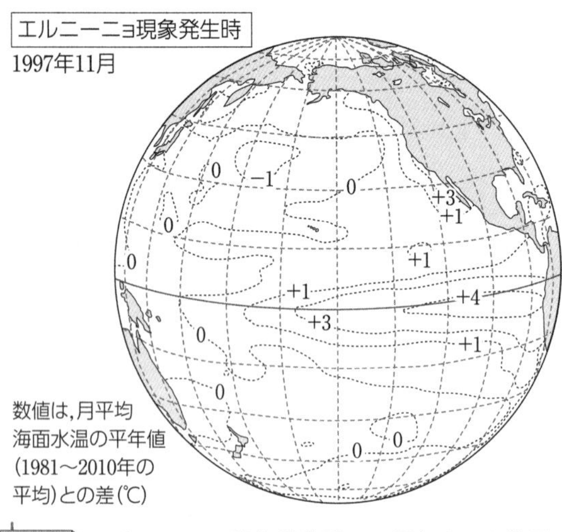

数値は，月平均海面水温の平年値(1981～2010年の平均)との差(℃)

ワーク ▶エルニーニョ現象発生時に，平年よりも海面水温が 1 ℃～ 5 ℃高くなる部分を赤で塗れ。

③ラニーニャ現象のとき

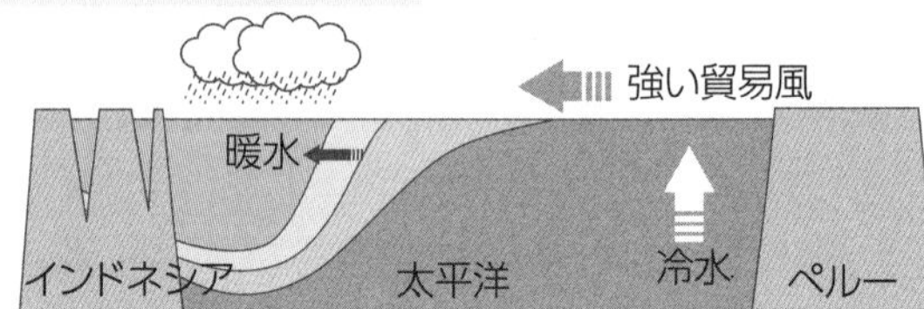

貿易風が(6　　　　)まって，太平洋西部の暖水域が(7　　　　)なる。
冷水の上昇がより(8　　　　)なる。

2 エルニーニョ現象とラニーニャ現象が及ぼす気候への影響

▶日本への影響

	エルニーニョ現象	ラニーニャ現象
夏	(9　　　　)高気圧の北への張り出しが弱くなり，(10　　　　)の時期が例年よりも遅れたり，気温が低い(11　　　　)になる傾向がある。	太平洋高気圧が北に張り出すため，気温が高く，(12　　　　)側を中心に雨が多くなる傾向がある。日本近海で(13　　　　)が発生しやすくなる。
冬	(14　　　　)の気圧配置が弱まる傾向があり，暖冬となる場合が多い。	西高東低(冬型)の気圧配置が強まり，平年より気温が(15　　　　)なる場合が多い。

エルニーニョ現象とラニーニャ現象は，それぞれ(16　　　　)間隔で発生するが，必ずしも周期的ではない。

説明してみよう！　思考

エルニーニョ現象が発生すると，赤道太平洋西部の暖水域はどのように変化するか。「平年」を用いて，20字以内で説明せよ。

➡ まとめ 1

									10										20

練習問題

学習日：　　月　　日／学習時間：　　分

知識

79. エルニーニョ現象　次の文章中の(　)にあてはまる語句や数値を，語群から選べ。

赤道太平洋の東経180°付近から，南アメリカの(　1　)沿岸にかけての広い海域で，海面水温が平年に比べて(　2　)くなり，その状態が(　3　)年程度続くことがある。これをエルニーニョ現象という。エルニーニョ現象は，なんらかのきっかけで(　4　)が弱まり，赤道太平洋西部の(　5　)が平年よりも東側に広がることで発生する。

【語群】　インドネシア　ペルー　ブラジル　貿易風　偏西風　高　低　冷水域　暖水域　1　10

知識

80. エルニーニョ現象とラニーニャ現象　エルニーニョ現象をA，ラニーニャ現象をBとして，次の各問いに答えよ。

(1)　エルニーニョ現象とラニーニャ現象を表す図をそれぞれ選べ。

ア

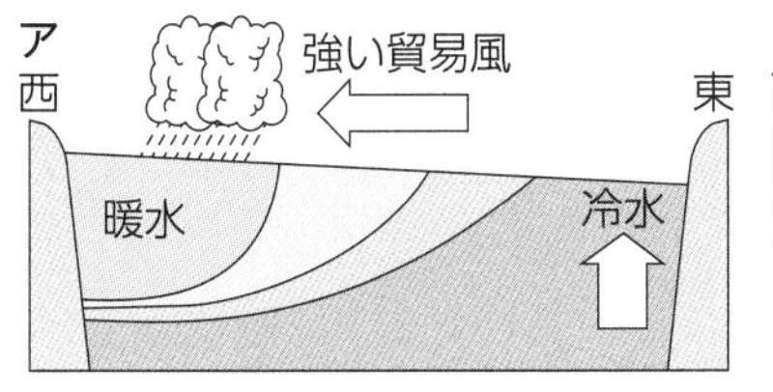

イ

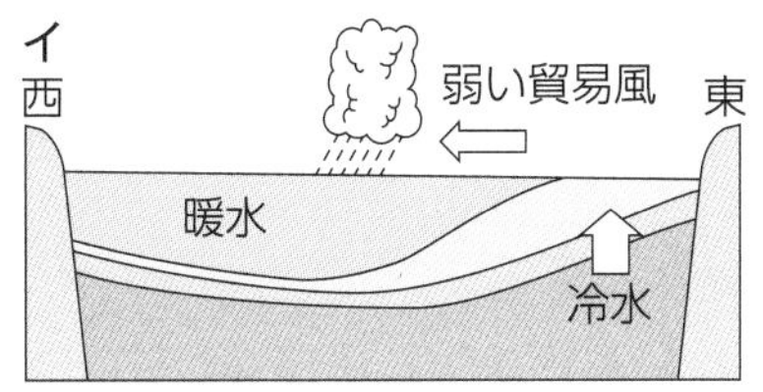

(2)　AとBの説明として最も適当なものを，それぞれ1つずつ選べ。

ア　貿易風が強まって，ペルー沖の海面水温が例年よりも下がる。
イ　深層に沈んだ冷水は湧き上がるまで約2000年を要する。
ウ　赤道太平洋西部に暖水が集まり，晴天が続き乾燥する。
エ　赤道太平洋西部の暖水域が平年よりも東側に広がる。

知識

81. エルニーニョ現象などが及ぼす気候への影響　次の〔　〕内のうち，適当な語句を選び記入せよ。

エルニーニョ現象が発生すると，夏の太平洋高気圧の張り出しは〔ア強く，弱く〕なり，日本の梅雨明けの時期が例年よりも〔イ早まった，遅れた〕り，冷夏や多雨になる傾向がある。また，冬は，冬型の気圧配置が〔ウ強まる，弱まる〕傾向があり，平年よりも〔エ暖かく，寒く〕なる場合が多い。

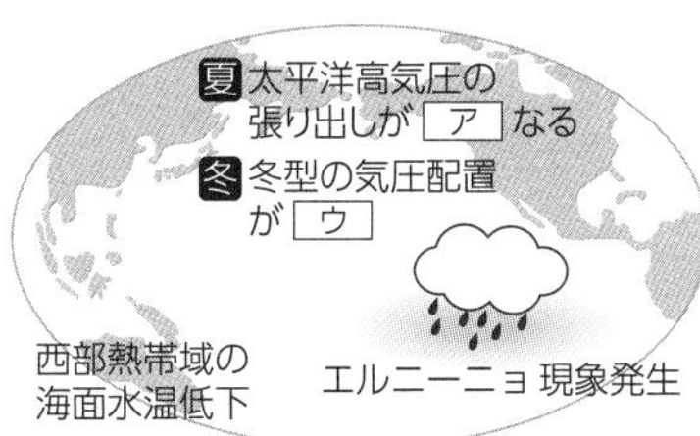

一方，ラニーニャ現象が発生すると，夏の太平洋高気圧の張り出しは〔オ強く，弱く〕なり，日本付近は，気温が高くなり，太平洋側を中心に雨が〔カ多く，少なく〕なりやすい。冬には，冬型の気圧配置が〔キ強まる，弱まる〕傾向があり，平年よりも〔ク暖かく，寒く〕なる場合が多い。

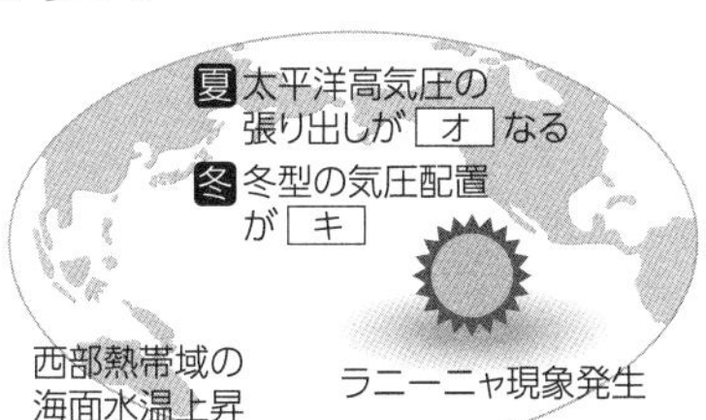

79　➡まとめ 1

(1)
(2)
(3)
(4)
(5)

80　➡まとめ 1

(1)A
B
(2)A
B

ヒント　エルニーニョ現象とラニーニャ現象は，いずれも大気と海洋の相互作用である。

81　➡まとめ 2

ア
イ
ウ
エ
オ
カ
キ
ク

第3章 ● 大気と海洋

第3章 章末問題

学習日：　　月　　日／学習時間：　　分

知識

1 大気の構成

大気の構成　大気に関する次の各問いに答えよ。

問1　図1は大気圏の区分を表している。A～Dの各層の名称を答えよ。

問2　大気圏は，高度に応じたある値の変化をもとに区分されている。それは何か。語群から選び答えよ。

【語群】　気温の変化　大気の組成　気圧の変化　密度の変化

問3　アは，大気中のある成分の量が多くなっている領域を表している。その成分の名称を答えよ。

問4　次の①～④は，それぞれどの層でおこる現象を表しているか。A～Dから選べ。

① 雲ができたり雨が降ったりする。
② オーロラが見られることがある。
③ 流星が消滅することが多い。
④ 紫外線の大部分を吸収して大気を暖める。

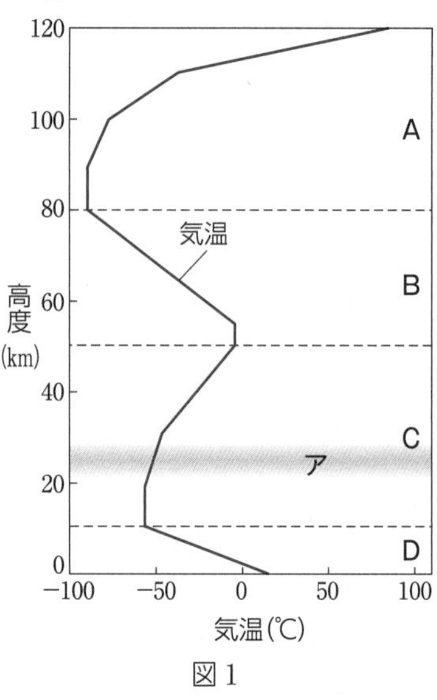

図1

1	
問1 A	
B	
C	
D	
問2	
問3	
問4 ①	
②	
③	
④	

知識

2 太陽放射と地球放射

太陽放射と地球放射　太陽放射と地球放射に関する次の各問いに答えよ。

太陽は膨大なエネルギーを宇宙空間へ放射している。地球大気の上端で太陽光線に垂直な1 m^2 の面積が1秒間に受ける太陽放射エネルギーを(a)<u>太陽定数</u>という(図2)。

地球も宇宙空間へエネルギーを放射している。これを(b)<u>地球放射</u>という。太陽放射と地球放射のバランスから計算すると，地表の平均気温は約−18℃程度になるが，実際の温度は約15℃である。これは，(c)<u>地表の温度を高める地球大気の働き</u>があるためである。

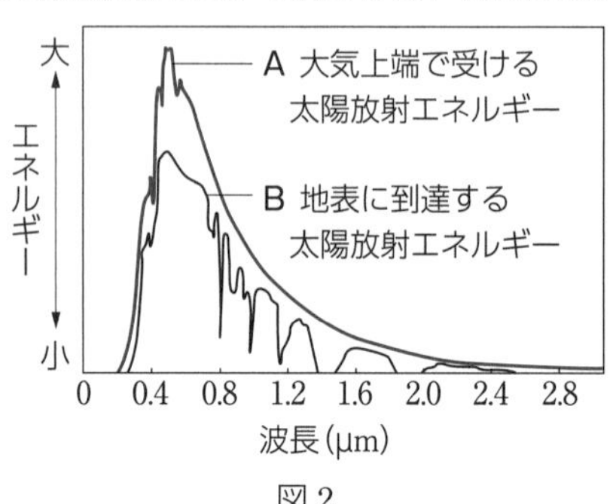

図2

問1　下線部(a)の値として最も適当なものを1つ選べ。

1.37 kW/m^2　9.8 kW/m^2　98 kW/m^2　137 kW/m^2

問2　下線部(b)の大部分は，どの波長領域で放射されているか答えよ。

問3　下線部(c)を何というか。

2	
問1	
問2	
問3	

知識

3 地球のエネルギー輸送

次の文章を読み，以下の各問いに答えよ。

地球が受け取る太陽放射エネルギーと地球放射エネルギーを緯度ごとに比較すると，赤道付近では太陽放射エネルギーの方が（　ア　）く，極側では（　イ　）の方が多くなっている(図3)。このことから，赤道付近から極側へ，エネルギーが輸送されていることがわかる。

図3

問1 文章中の空欄にあてはまる語句を以下の語群から選べ。

多　　少な　　太陽放射エネルギー　　地球放射エネルギー

問2 下線部について，このようなエネルギー輸送の担い手を2つ答えよ。

問3 このようなエネルギー輸送の輸送量が最も多いのはどこか。

① 赤道地方　　② 35～40° 付近の中緯度地域　　③ 極地方

3
問1ア
イ
問2
問3

知識

4 大気の大循環

地球大気の大循環を表した模式図を見て，各問いに答えよ。

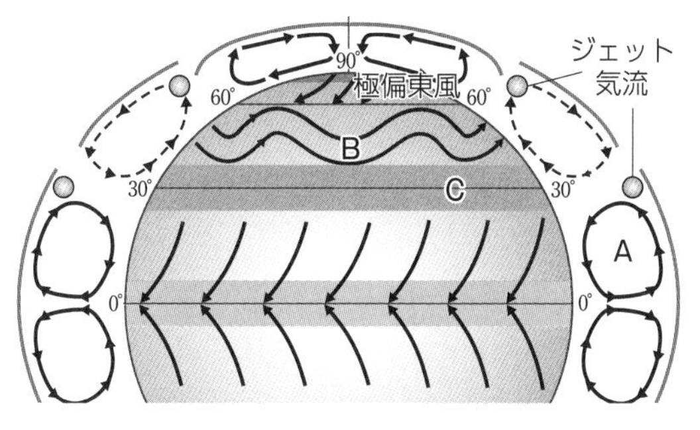

問1 Aは赤道域で暖められた大気が上昇してつくる鉛直循環である。この循環の名称を答えよ。

問2 Bは蛇行しながら西から東へ向かう風である。この風の名称を答えよ。

問3 Cの地域はAの循環の下降域にあたる。この部分の名称を答えよ。

4
問1
問2
問3

思考

5 エルニーニョ現象

エルニーニョ現象に関する次の各問いに答えよ。

問1 図4は平年の南太平洋の断面を示した模式図である。エルニーニョ現象が発生したときの模式図として適当なものを①，②から選べ。

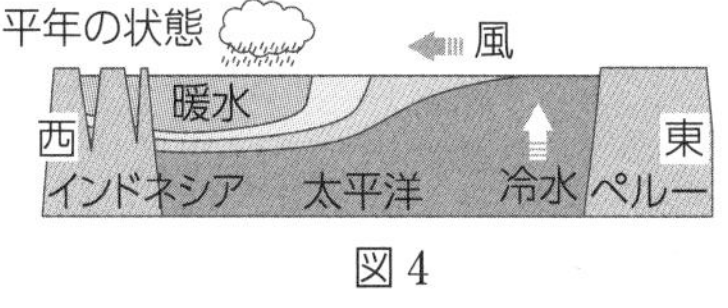

図4

①

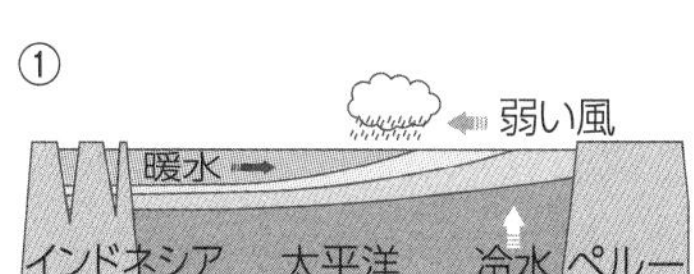

②

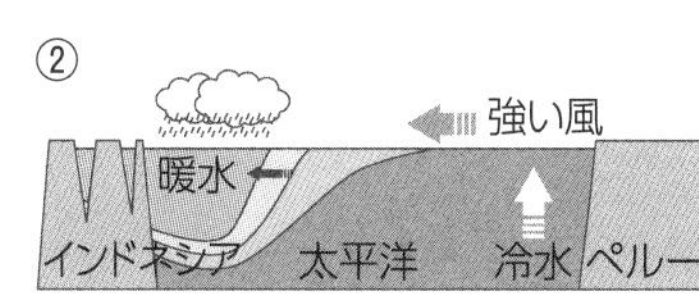

問2 エルニーニョ現象の発生に最も関係の深い風を1つ選べ。

偏西風　　貿易風　　極偏東風　　モンスーン　　海陸風

問3 エルニーニョ現象ではどのように海面水温が変化するか，適当なものを選べ。

ア 東太平洋の冷水の上昇が弱まり，南米ペルー沖の海面水温が上昇する。

イ 東太平洋の冷水の上昇が強まり，南米ペルー沖の海面水温が低下する。

5
問1
問2
問3

●教科書 p.108～111

23 宇宙の探究／宇宙の始まり①

学習のまとめ

1 宇宙の探究

肉眼による観測	太陽や(1 　　　)を観測して，(2 　　　)や時刻を定めた。 星の観測を元に(3 　　　)が作成された。 星座をつくる星々に対して移動して見える星は(4 　　　)とよばれた。
望遠鏡による観測	(5 　　　)は，17世紀初頭，初めて望遠鏡で宇宙の観測を行った。 木星の4つの衛星の発見が，(6 　　　)に対する有力な反証となった。 (7 　　　)の正体は，恒星の集団であることが明らかになった。 (8 　　　)は，18世紀後半，天の川の構造が(9 　　　)であることを明らかにした。
光による観測	遠方の天体までの(10 　　　)を測定できるようになった。 銀河系の外にも，(11 　　　)の集団(銀河)が存在することが明らかになった。

2 宇宙の始まり

宇宙が始まったのは，約(12 　　　)億年前と考えられている。誕生したばかりの宇宙は，極めて高温・高密度の状態だった。これを(13 　　　)とよぶ。

ヘリウム原子　水素原子　赤 陽子　黄 中性子　青 電子

ワーク▶それぞれ指定された色で塗れ。

- **宇宙誕生から10万分の1秒後**…温度が約1兆Kになり，(14 　　　)や中性子が生まれた。
- **宇宙誕生から3分後**…温度が約(15 　　　)Kまで下がり，(16 　　　)の原子核がつくられた。(17 　　　)は，大量に存在する電子と衝突し，まだ直進することができなかった。
- **宇宙誕生から38万年後**…宇宙の温度が低下し，ヘリウムや水素の原子核が(18 　　　)をとらえたため，光が直進できるようになった。この現象を(19 　　　)という。

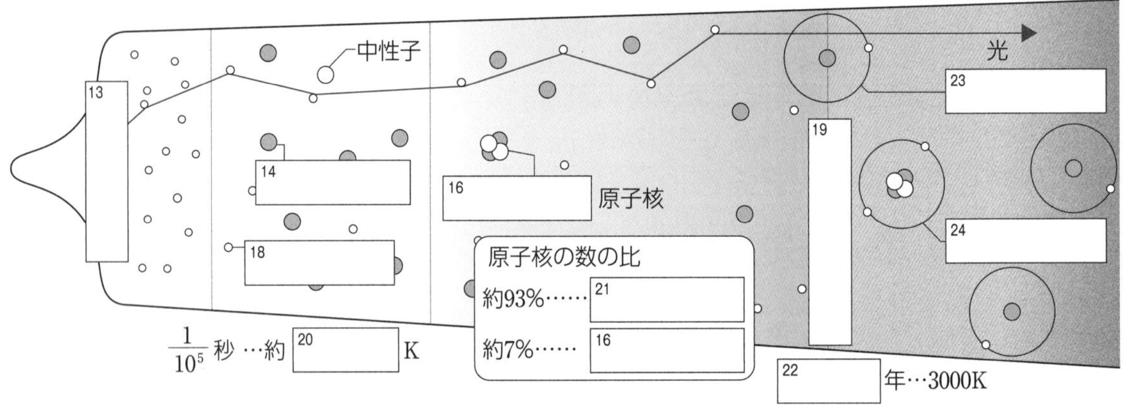

説明してみよう! 思考

宇宙の晴れ上がりによって，光が直進できるようになったのはなぜか。「衝突」を用いて，25字以内で説明せよ。

➡まとめ 2

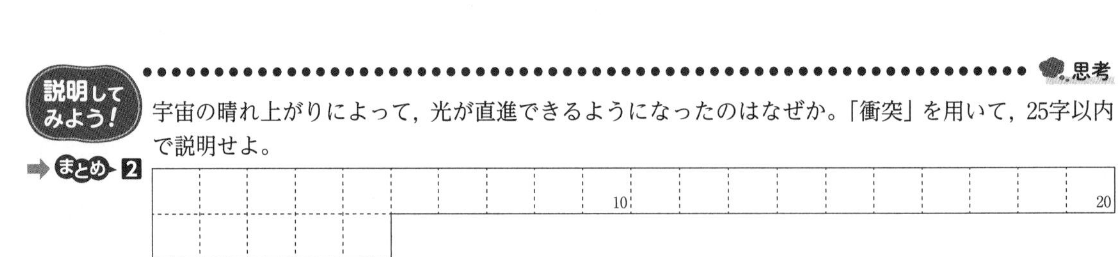

練習問題

知識
82. 宇宙の探究　次の会話文を読み，空欄に適する語句を語群から選べ。

Aさん：古代の人々は，太陽や(　1　)を観測することで，暦や時刻を定めました。どのようにして1日が定められたか，知っていますか？

Bさん：はい。(　2　)の移動をもとに1日が決められました。

Aさん：そのとおりです。また，たとえば古代エジプトでは，(　3　)が日の出前に初めて現れるときが，ナイル川の増水の時期と一致することから，これを基準に(　4　)が定められたそうです。

Bさん：古代に，星が観測されていたことの証拠は，何か見つかっているのでしょうか？

Aさん：星の観測をもとにして作成された，天球の星の位置を示した(　5　)のうち，現存しているものがあります。

【語群】　シリウス　星図　太陽　星　1年

82　➡まとめ 1

(1)
(2)
(3)
(4)
(5)

知識
83. 宇宙の探究　次のア～エのうち，誤っているものを，すべて選べ。

ア　惑星は，太陽のまわりを回っている。
イ　ガリレオによる木星の衛星の発見から，地動説が否定された。
ウ　天の川は，球状の構造をしている。
エ　銀河系の外に，多数の銀河が存在する。

83　➡まとめ 1

知識
84. 宇宙の始まり　宇宙の始まりに関連した以下の出来事を，古い方から順に答えよ。

a　原子の誕生と宇宙の晴れ上がり
b　陽子や中性子の誕生
c　ビッグバン
d　ヘリウムの原子核の誕生

84　➡まとめ 2

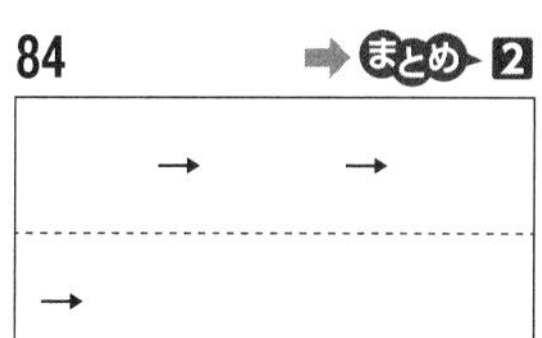

知識
85. 宇宙の始まり　宇宙の始まりについて述べた次の(1)～(6)の文のうち，正しいものをすべて選べ。

(1)　ビッグバンのころの宇宙は，極めて低温・高密度の状態であった。
(2)　膨張とともに，宇宙の温度が低下し始めた。
(3)　ヘリウム原子核よりも，水素原子核の方が先に誕生した。
(4)　誕生してから10万分の1秒後の宇宙には，炭素の原子が存在した。
(5)　誕生して3分ほど経過した宇宙にある原子核の数の割合は，多い順に，ヘリウム，水素であった。
(6)　ヘリウムや水素の原子核が電子をとらえたため，宇宙の晴れ上がりがおきた。

85　➡まとめ 2

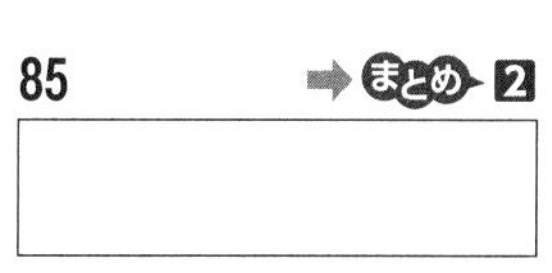

ヒント　水素原子の原子核は陽子である。

●教科書 p.112～113

24 宇宙の始まり②

学習のまとめ

1 恒星と銀河

宇宙の誕生後には，恒星や恒星の集団である(1　　　　　　)が誕生した。

(2　　　　　)	星間ガス	希薄な(3　　　　　)からなる。
	(4　　　　　)	直径 1 μm 以下の固体微粒子からなる。

・(5　　　　　)…星間物質が濃くなっている場所。
・(6　　　　　)…同じ星間雲から誕生した恒星の集団。
数十万個以上の恒星が球状に密集している集団は(7　　　　　)とよばれ，
数十個～数百個程度の恒星の集団は(8　　　　　)とよばれる。

2 銀河系

▶銀河系の構造

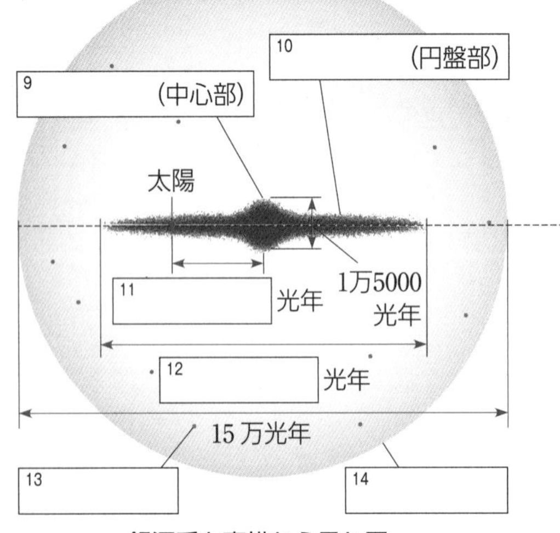

銀河系を真横から見た図

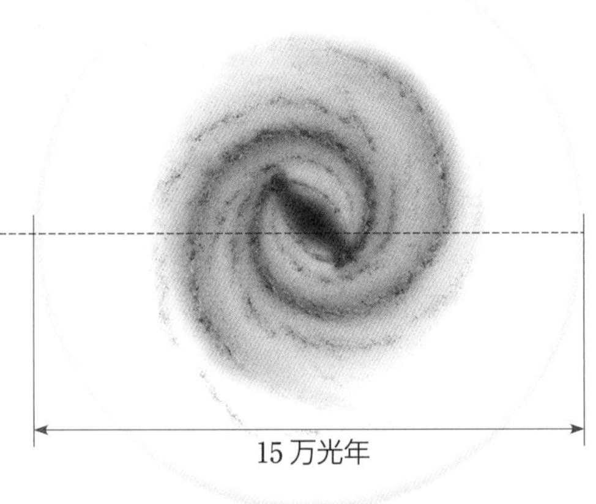

銀河系を真上から見た図

ワーク ▶銀河系を真横から見た図を参考にして，太陽のおよその位置を破線上に赤色の丸で示せ。

▶銀河系の特徴

・(15　　　　　)個以上の恒星からなる。
・中心から約(16　　　　　)光年離れたところに私たちの太陽系がある。
・天の川の明るい部分は，銀河系の中心方向にあたり，帯状に見えるのは(17　　　　　)方向に重なる(18　　　　　)を見ているためである。

夏の天の川

説明してみよう! 思考

銀河系とはどのような銀河か。太陽系との関係に着目し，「太陽系」を用いて，20字以内で説明せよ。

									10										20

➡ まとめ 2

知識
86. 恒星と銀河 次のa～dを，その中に含まれる恒星の数が多い順に並べよ。
a 銀河系
b 太陽系
c 散開星団
d 球状星団

86 ➡まとめ 1 2
→ →
→

知識
87. 星間物質と星間雲 宇宙空間について述べた次のア～オの文のうち，正しいものをすべて選べ。
ア 恒星と恒星の間は，物質が存在しない空間である。
イ 星間物質は，星間ガスと星間塵とからなる。
ウ 星間塵には，直径1 μm以下のものはない。
エ 星間ガスの主成分は，水素とヘリウムである。
オ 星間物質が濃くなっている場所を星団という。

87 ➡まとめ 1

ヒント 宇宙空間にただよう塵のほとんどは，1 μm以下である。

知識
88. 銀河系 銀河系について述べた次の(1)～(6)の文の下線部について，正しいものには○を，誤っているものには正しい語句を記入せよ。
(1) 銀河系を構成する恒星の数は，<u>1000億個</u>以上である。
(2) ハローの直径は，<u>100万光年</u>程度である。
(3) 恒星の密集した中心部を<u>バルジ</u>という。
(4) ディスクの直径は，<u>10万光年</u>程度である。
(5) 太陽系は，<u>バルジ</u>に位置している。
(6) 太陽系は，銀河中心から約<u>1万5000光年</u>離れている。

88 ➡まとめ 2
(1)
(2)
(3)
(4)
(5)
(6)

知識
89. 銀河系の特徴 次の文章の空欄に適する語句を，語群から選べ。
(1) 地球から夜空を見ると，多くの恒星が渦巻き状に分布する銀河系の［ア］が，帯状に見える。そのすがたが川に見立てられ，銀河系は［イ］ともよばれる。
天の川の明るく見える部分は，銀河系の中心方向にあたる。銀河系の中心には，恒星が密集して膨らんだ［ウ］が存在する。
【語群】 バルジ　ディスク　天の川銀河
(2) 銀河系の中には，多くの星団が存在する。散開星団は，数十個～数百個程度の［ア］恒星の集まりで，球状星団は，数十万個以上の［イ］恒星の集まりである。
【語群】 年老いた　若い

89 ➡まとめ 2
(1)ア
イ
ウ
(2)ア
イ

第4章 宇宙と地球

●教科書 p.114〜117

25 太陽の誕生／太陽の活動

……学習のまとめ……

1 太陽の誕生

宇宙誕生　　現在

0　46　92　138（億年）

時間の流れ

ワーク ▶原始太陽が誕生した位置を矢印で示せ。

▶原始太陽

・銀河系内の星間雲が，自らの重力によって(1　　　　　)し，中心部に密度の高い核を，そのまわりに(2　　　　　)と星間塵からなる円盤を形成した。

・中心部では，密度が高くなるにつれて，温度や(3　　　　　)が上昇し，(4　　　　　)が形成された。

・周辺部の円盤は，(5　　　　　)へと進化していった。

・原始太陽は，ゆっくりと収縮しながら，(6　　　　　)のエネルギーを熱に変えて輝いていた。

▶主系列星

・原始太陽が形成されて3000万年ほど経つと，中心温度は約(7　　　　　)K まで上昇し，水素の原子核 4 個を(8　　　　　)の原子核 1 個に変換する(9　　　　　)が始まった。

・太陽は，水素の核融合によって，約(10　　　　　)年は安定して輝き続けると見積もられている。現在の太陽は，誕生から約(11　　　　　)年が過ぎたところである。

・現在の太陽のように，水素の核融合によって，安定して輝いている段階の恒星は(12　　　　　)とよばれる。

2 太陽の活動

▶太陽の表面

(13　　　　　)…直接観測できる太陽の表面の薄い大気の層。

(14　　　　　)…光球の表面に見られる細かい斑点。

(15　　　　　)…光球に散在して見える黒い点で，磁場が強く，周囲よりも温度が低い。

(16　　　　　)…黒点のまわりに現れる白く明るい部分で，周囲よりも温度が高い。

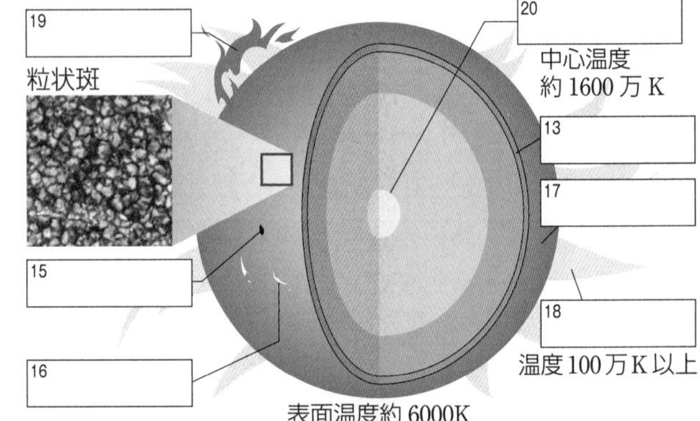

▶太陽の外層

(17　　　　　)…光球の外側に見える赤い大気の層。

(18　　　　　)…彩層の外側にある，温度が100万 K 以上の非常に希薄な気体。

(19　　　　　)…光球の外側に現れる巨大な炎のような気体。

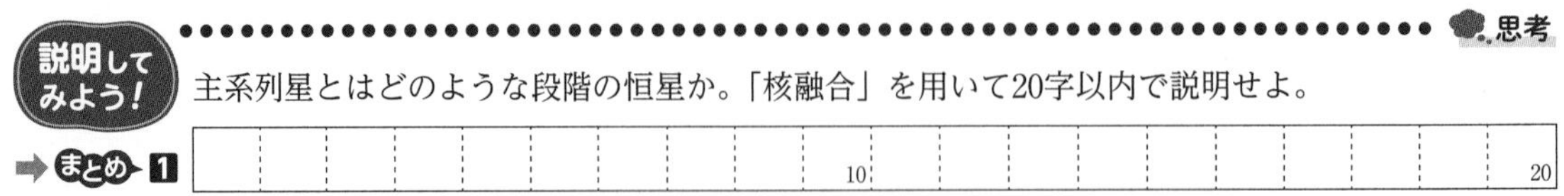

知識

90. 太陽の誕生 太陽の誕生までにおきた次の(1)～(3)の出来事について，最も関係の深い事象をａ～ｃの中から１つずつ選べ。

(1) 密度の高い核と星間物質からなる円盤の形成

(2) 原始太陽の誕生

(3) 太陽の誕生

ａ 水素の核融合が始まる。

ｂ 星間雲が重力によって収縮する。

ｃ 星間雲の収縮が進み，温度や圧力が上昇して，原始星となる。

90 ➡まとめ 1

(1)
(2)
(3)

知識

91. 現在の太陽 現在の太陽のエネルギー源について，それぞれ正しいものを語群から選べ。

(1) 太陽を輝かせているエネルギーを産み出す反応

核分裂　核融合　燃焼

(2) (1)の反応の材料となる物質

水素　水素と酸素　ウラン　炭素と酸素

(3) (1)の反応によってできる物質

水　ヘリウム　プルトニウム　二酸化炭素

91 ➡まとめ 1

(1)
(2)
(3)

知識

92. 太陽の黒点 黒点について述べたア～オの文のうち，正しいものをすべて選べ。

ア 周囲よりも温度が高い部分である。

イ 磁場が強い。

ウ 数個集まって出現することが多い。

エ 寿命は２カ月程度である。

オ 極大期は，太陽活動が最も低下する時期である。

92 ➡まとめ 2

ヒント 太陽の表面は，周囲よりも温度が高いと白く，温度が低いと黒く見える。

知識

93. 太陽の活動 太陽の表面現象について述べた次の文について，それぞれ名称を答えよ。

(1) 温度が100万K以上の希薄な大気の層で，皆既日食のときに見られる。

(2) 黒点のまわりに見える白く輝く部分。周囲よりも温度が高い。

(3) 皆既日食のとき，光球の外側に見える赤い大気の層。

(4) 太陽表面のうち，直接見ることができる薄い大気の層。

(5) 太陽の表面全体に見られる細かい斑点。

(6) 光球の周縁部が中心部よりも暗く見える現象。

(7) 皆既日食のときに見られる巨大な炎のような気体。紅炎ともよばれる。

93 ➡まとめ 2

(1)
(2)
(3)
(4)
(5)
(6)
(7)

第4章 宇宙と地球

●教科書 p.124〜127

太陽系の構造／太陽系の誕生①

学習のまとめ

1 太陽系の構造

太陽系…太陽を中心とし，(1)つの惑星および小天体で構成される。
太陽系の質量の大部分は太陽が担っている。

(2)…岩石質の小天体で，火星と木星の間に多数存在する。

(3)…海王星の軌道よりも外側に存在する小天体で，(4)や岩石からなる。

	水星	7	地球	火星	8	土星	天王星	9
(5) (km)	2440	6052	10	3396	71492	60268	25559	24764
(6) (g/cm^3)	5.43	5.24	5.51	3.93	1.33	0.69	1.27	1.64
太陽からの平均距離（天文単位※）	0.39	0.72	11	1.52	5.20	9.55	19.22	30.11

※天文単位…地球と太陽の平均距離である約(12)km を 1 とする単位。

2 太陽系の誕生

・約(13)年前，星間雲が回転しながら収縮して円盤状になり，中心に(14)が誕生した。周囲の円盤状の星間雲は(15)とよばれる。

・原始太陽系円盤の中で星間ガスや星間塵が吸着と合体をくり返し，直径 1 〜10 km 程度の(16)とよばれる天体が大量に形成された。

・微惑星どうしは，衝突や合体をして，直径 1000 km 程度の(17)に成長した。

▶ 地球型惑星と木星型惑星

(19)…太陽に近い領域で原始惑星が衝突・合体してできた，主に(20)からなる惑星。質量が(21)く，重力も小さいため，周囲に残っていた星間ガスを集められなかった。

(22)…太陽から遠い領域にできた，岩石と氷からなる原始惑星が，大きい(23)により，周囲の(24)を引きつけてできた巨大なガス惑星。天王星と海王星は比較的小さい。

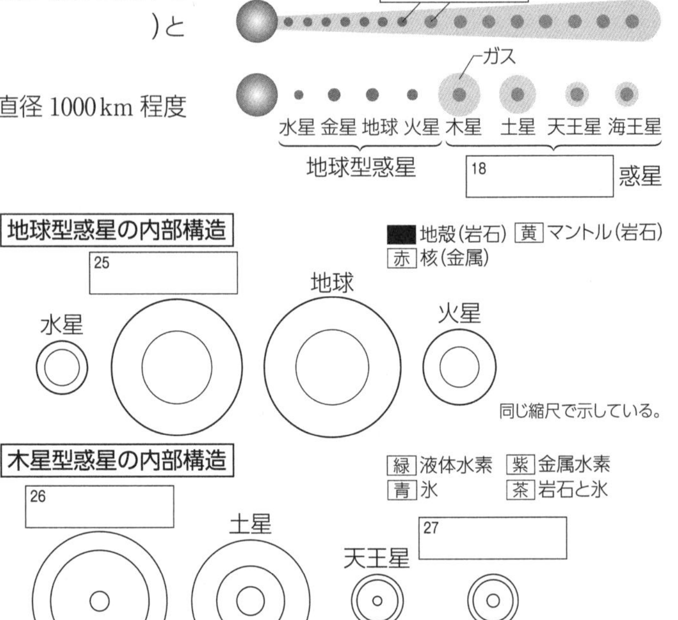

ワーク ▶ それぞれ指定された色で塗れ。

説明してみよう！ 思考

原始太陽系円盤とはどのようなものか。「原始太陽」を用いて，20字以内で説明せよ。

➡ まとめ 2

知識
94. 太陽系の構造　太陽系について述べた次の(1)～(6)の文の下線部について，正しければ○を，誤っていれば正しい語句を記入せよ。
(1) 太陽系は，太陽と9つの惑星，そのほかの小天体などからなる。
(2) 太陽系の惑星の公転の向きは，すべて同じである。
(3) 天王星の軌道よりも外側にある小天体を，太陽系外縁天体という。
(4) 小惑星帯は，地球と火星の間にある。
(5) 冥王星は，太陽系で最小の惑星である。
(6) 彗星は，塵を含む氷でできている。

94 ➡まとめ 1
(1)
(2)
(3)
(4)
(5)
(6)

知識
95. 太陽系の誕生　太陽系の形成について述べたa～eの出来事を古い方から順に答えよ。
a　原始惑星の形成
b　地球型惑星・木星型惑星の誕生
c　星間雲の収縮
d　原始太陽と原始太陽系円盤の誕生
e　微惑星の形成

95 ➡まとめ 2
→　→　→　→

知識
96. 地球型惑星と木星型惑星　次のア～カの文は，太陽系の惑星について述べたものである。(1)地球型惑星にあてはまるもの，(2)木星型惑星にあてはまるものに分類せよ。
ア　太陽からの平均距離が大きい。
イ　半径が小さい。
ウ　平均密度が大きい。
エ　表面が水素やヘリウムなどの気体で厚く覆われている。
オ　岩石の固体表面をもつ。
カ　多くの衛星をもつ。

96 ➡まとめ 2
(1)
(2)

知識
97. 惑星の内部構造　次の図は，地球型惑星と木星型惑星の内部構造を示している。(1)～(9)を構成する物質として正しいものを語群から選べ。ただし，同じ語句を2度用いてもよい。

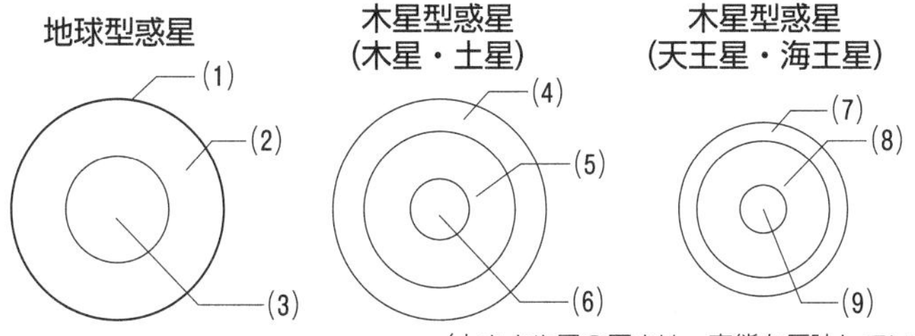

(大きさや層の厚さは，実態を反映していない)

【語群】　岩石　金属　液体水素　金属水素　氷　岩石と氷

97 ➡まとめ 2
(1)
(2)
(3)
(4)
(5)
(6)
(7)
(8)
(9)

第4章 宇宙と地球

●教科書 p.128〜129

太陽系の誕生②

学習のまとめ

1 衛星

惑星などの母天体よりも小さく，母天体の重力から逃れられない天体を(1　　　　)という。月は，原始地球に，ほかの原始惑星が衝突したときの破片からできたとする考え方を，(2　　　　)説という。

2 小惑星

成長しなかった(3　　　　)や，衝突で破壊された(4　　　　)，あるいはその破片が合体してできたと考えられている天体。大部分が(5　　　　)と木星の間にあり，ほとんどは直径(6　　　　)km 以下の大きさである。

小惑星(7　　　　)

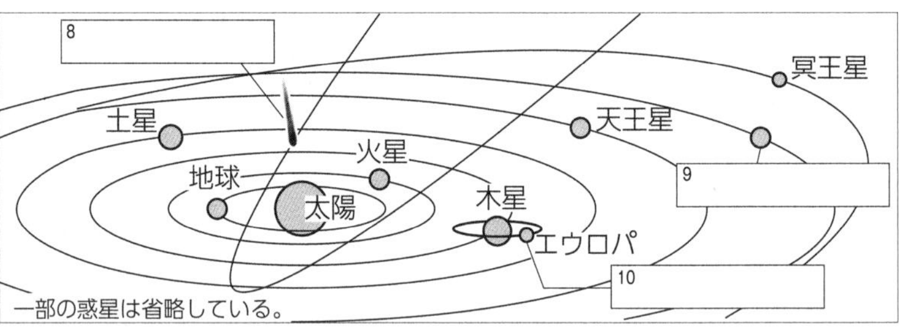

ワーク ▸小惑星が主に分布する場所を赤で塗れ。

▶隕石…微小な天体が宇宙空間から地球大気に突入し，燃えつきずに落下した物体を(11　　　　)という。その多くは，(12　　　　)の破片である。隕石は，(13　　　　)のもの，岩石質のもの，両者の混じったものがある。
大きな隕石が落下すると，(14　　　　)が形成される。

3 太陽系外縁天体

海王星の軌道よりも外側を公転する天体を(15　　　　)という。特に，冥王星やエリスのように，大きくて球形のものは(16　　　　)とよばれる。これらの天体は，主に(17　　　　)からなる微惑星が，惑星の大きさまでは成長できなかったものと推測されている。

4 彗星

軌道	細長い(18　　　　)軌道。
特徴	直径数 km で，氷と(19　　　　)からなる。 太陽に近づくと(20　　　　)という明るいガスのかたまりをつくる。ガスの一部が吹き飛ばされて，太陽と(21　　　　)の向きに尾をつくる。
起源	太陽系が形成されたときに，(22　　　　)部にできた，主に氷からなる微惑星。

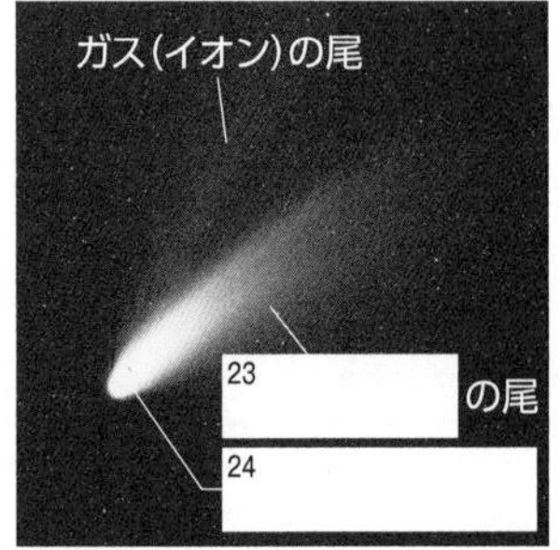

説明してみよう！　思考

木星の衛星エウロパに生命が存在する可能性がある理由を，「水」を用いて，20字以内で説明せよ。

➡まとめ 1

練習問題

学習日：　　月　　日／学習時間：　　分

知識

98. 衛星

次の文章の空欄に適する語句を記入せよ。

衛星は，地球のまわりを回る(　1　)のように，惑星などの母天体となる星のまわりを回る，母天体よりも小さい天体のことである。母天体が形成されるときに同時に誕生したものや，母天体の(　2　)から逃れられずに捕獲され，母天体のまわりを回るようになったものがある。

(　3　)型惑星は，地球型惑星に比べて多くの衛星をもつ。たとえば，木星の衛星(　4　)の地下には，液体の(　5　)がある可能性が指摘されており，生命の存在が期待されている。

98 ➡まとめ-1

(1)
(2)
(3)
(4)
(5)

ヒント　生命が生まれるには液体の水が必要である。

知識

99. 小惑星

次のa～gの文のうち，正しいものをすべて選べ。

a　小惑星の大部分は木星と土星の間にある。
b　小惑星の中には，地球に接近するものもある。
c　直径10kmを超える小惑星は存在しない。
d　隕石は，原始惑星の破片などである。
e　隕石は，太陽系形成初期の情報をもっていることがある。
f　大きな隕石が落下すると，クレーターを形成することがある。
g　隕石は，鉄質と岩石質の2種類に分けられる。

99 ➡まとめ-2

ヒント　小さい天体ほど始原物質が残っている。

知識

100. 太陽系外縁天体

図を見て，以下の各問いに答えよ。

(1)　太陽系外縁天体は，①と②のどちらの領域に存在するか。
(2)　太陽系外縁天体のうち，大きくて球形のものを特に何とよぶか。
(3)　太陽系外縁天体の起源として正しいものを次から選べ。
ア　主に鉄からなる微惑星
イ　主に岩石からなる微惑星
ウ　主に氷からなる微惑星

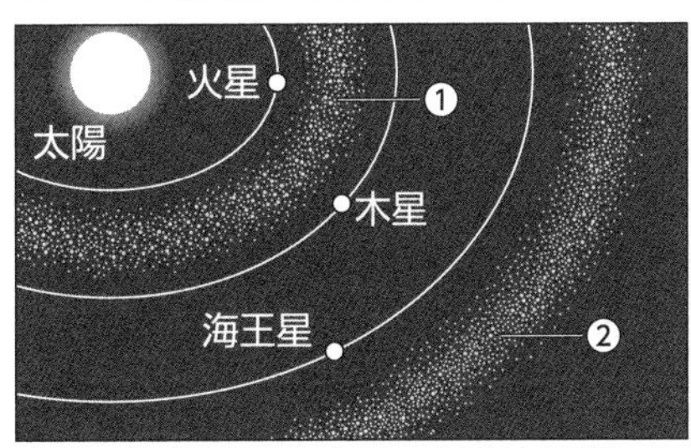

木星～海王星間の惑星の軌道は省略している。

100 ➡まとめ-3

(1)
(2)
(3)

知識

101. 彗星

彗星について述べた(1)～(4)の文について，下線部が正しければ○を，誤っていれば正しい語句を記入せよ。

(1)　公転軌道は，太陽を中心とする<u>円軌道</u>である。
(2)　起源は，主に<u>岩石</u>からなる微惑星と考えられている。
(3)　太陽に近づくと，表面から氷が昇華し，<u>コマ</u>を形成する。
(4)　尾には，ガスの尾と<u>塵(ダスト)</u>の尾とがある。

101 ➡まとめ-4

(1)
(2)
(3)
(4)

第4章　宇宙と地球

●教科書 p.130〜131

太陽系の惑星

学習のまとめ

1 地球型惑星

名称	特徴	表面温度
(1 　　　)	質量が小さいため，大気がほとんど存在しない。 自転周期が長い。	昼は400℃超 夜は−170℃以下
(2 　　　)	(3 　　　)の厚い大気が存在する。 自転の向きが(4 　　　)回り。	約450℃ 昼夜の温度差は小さい。
地球	液体の(5 　　　)が存在する。 大気の約21％が(6 　　　)である。 自転軸が(7 　　　)° 傾いている。	平均約(8 　　　)℃ 昼夜の温度差は小さい。
(9 　　　)	極地域に，氷のかたまりの(10 　　　)がある。 季節変化が見られる。	平均約−60℃ 極地方は冬に−120℃，赤道付近は夏に30℃となる。

2 木星型惑星

<table>
<tr><th>名称</th><th>特徴</th><th colspan="2">共通の特徴</th></tr>
<tr><td>木星</td><td>表面に巨大な大気の渦の(11 　　　)がある。</td><td rowspan="2">水素ガスが豊富。
(12 　　　)の雲がある。
表面温度は−150〜−190℃</td><td rowspan="4">重力が大きい。
衛星の数が(14 　　　)い。
環が存在する。</td></tr>
<tr><td>(13 　　　)</td><td>密度が最も低い。
環(リング)が見える。</td></tr>
<tr><td>(15 　　　)</td><td>自転軸がほぼ横倒し。</td><td rowspan="2">(16 　　　)の雲がある。
表面温度は−200℃以下</td></tr>
<tr><td>(17 　　　)</td><td>青い色をしている。</td></tr>
</table>

・環…かつて存在していた(18 　　　)が破壊されてできた，氷や石の破片の集まり。

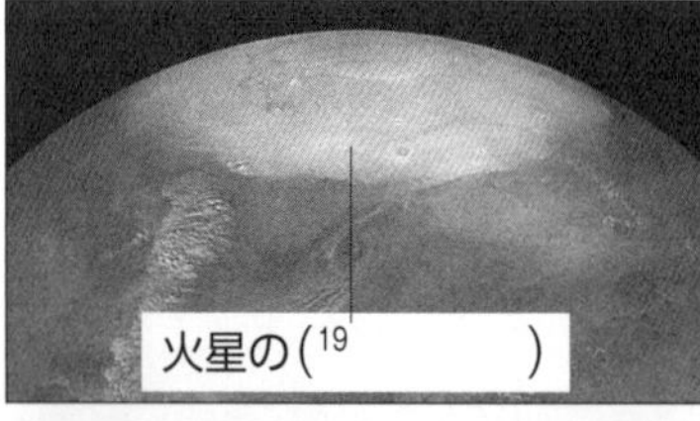
火星の(19 　　　)

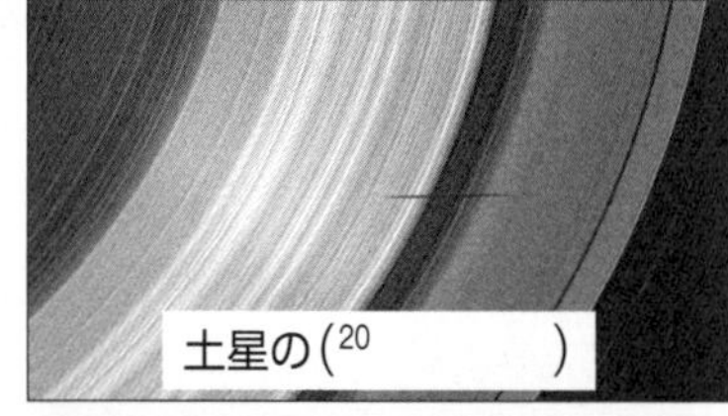
土星の(20 　　　)

断面

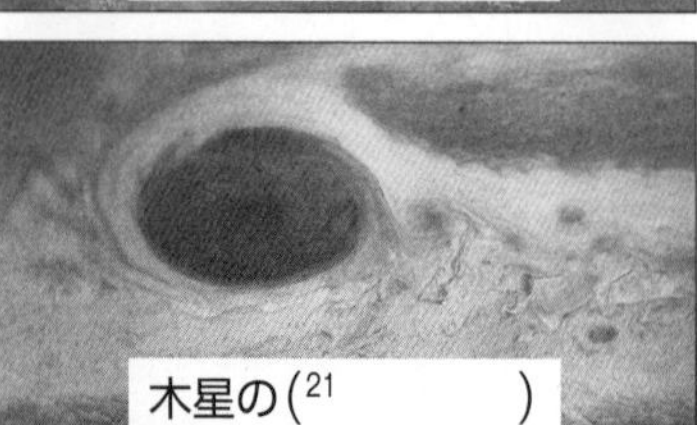
木星の(21 　　　)

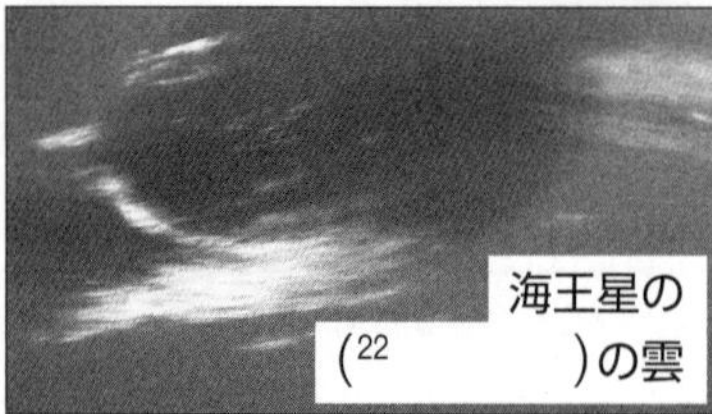
海王星の(22 　　　)の雲

ワーク ▶クレーターの断面のようすを描け。

思考

地球型惑星にクレーターが存在するのはなぜか。表面のようすに着目し，「地球型惑星」と「表面」を用いて，20字以内で説明せよ。

➡ まとめ 1

									10										20

練習問題

学習日：　　月　　日／学習時間：　　分

知識

102. 水星と金星　次のア～クの説明を，(1)水星にあてはまるもの，(2)金星にあてはまるもの，(3)どちらにもあてはまらないものに分類せよ。

ア　木星型惑星に属する。　　イ　大気がほとんど存在しない。
ウ　気圧が地球の90倍ほどもある。　　エ　惑星の中で太陽に最も近い。
オ　液体の水が存在する。　　カ　時計回りに自転している。
キ　昼夜の温度差が大きい。　　ク　二酸化炭素の大気をもつ。

102　➡まとめ-1

(1)
(2)
(3)

知識

103. 地球と地球型惑星　次の各問いに答えよ。

(1)　次の各文は，地球の特徴について述べたものである。〔　〕内の語句から，適当なものを選んで記入せよ。

・太陽系の惑星で唯一，〔ア 固体，液体，気体〕の水が存在する。
・大気は，約21％を〔イ 窒素，酸素〕が占めており，金星の大気に多く含まれる二酸化炭素は，極めて〔ウ 多い，少ない〕。
・自転周期が短く，昼夜の温度差は〔エ 大きい，小さい〕。
・自転軸が傾いており，〔オ 公転，自転〕に伴って，季節の変化が見られる。

(2)　次の①～③の円グラフのうち，地球の大気組成を示すものを選べ。

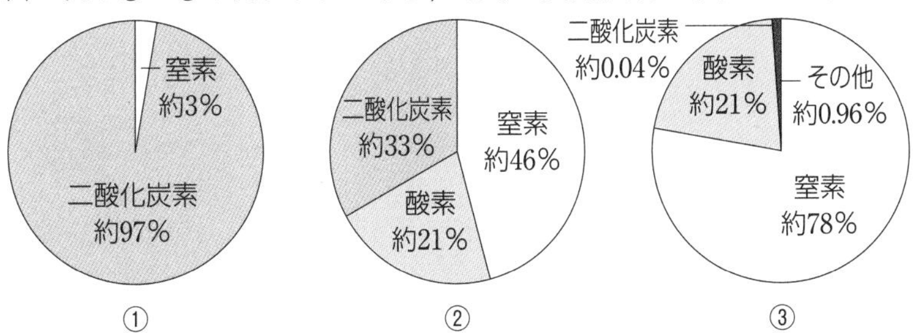

103　➡まとめ-1

(1)ア
イ
ウ
エ
オ
(2)

知識

104. 木星型惑星　次の文は，それぞれ木星，土星，天王星，海王星のどの惑星にあてはまるか答えよ。

(1)　太陽から遠く離れているため，平均表面温度は－200℃に達し，メタンの雲が見られる。また，自転軸が公転面に対して大きく傾いており，ほぼ横倒しで公転している。環(リング)をもっている。

(2)　平均表面温度は低く，太陽系の惑星の中では，最も密度が小さい。また，氷や岩石からなる環(リング)をもっている。

(3)　質量が大きく，太陽系最大の巨大ガス惑星であり，アンモニアの雲が見られる。また，表面の縞模様や，大赤斑とよばれる巨大な大気の渦が特徴的である。

(4)　メタンの雲があり，表面が青色に見える惑星である。木星型惑星の中では，最も密度が大きい。太陽系の惑星の中で，太陽から最も遠い位置にあり，そのほとんどが氷からできている。

104　➡まとめ-2

(1)
(2)
(3)
(4)

ヒント　天王星と海王星では，メタンの雲が見られる。

29 生命の惑星・地球

●教科書 p.132〜133

学習のまとめ

1 生命が誕生する条件

(1　　　　　　　)…宇宙空間の中で，天体に液体の(2　　　　　)が存在でき，生命が存在できると考えられる領域。

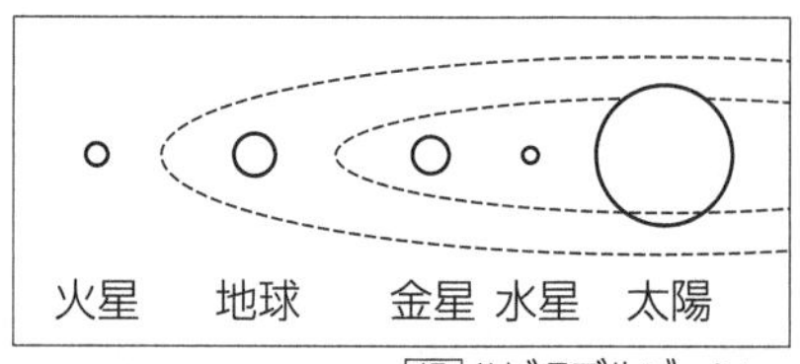

緑 ハビタブルゾーン
赤 温度が高すぎる領域
青 温度が低すぎる領域

ワーク それぞれ指定された色で塗れ。

1　太陽からの距離

・惑星の平均表面温度は，太陽に近いほど(3　　　　　　)く，遠いほど(4　　　　　　)くなる。
・地球は，太陽からの距離が適度であり，水が(5　　　　　　)として存在できる平均表面温度になっている。

2　天体の質量

・水が液体として存在するためには，(6　　　　　　)の圧力が必要である。
・地球の質量は，大気をとどめておくための十分な(7　　　　　　)を生じ，蒸発した(8　　　　　　)を逃がすこともない。

2 原始地球の進化

原始地球は，(9　　　　　　)の衝突と合体によって成長し，原始惑星どうしによる(10　　　　　　　　)もおこった。

▶原始大気とマグマオーシャンの形成　微惑星に含まれていた水，二酸化炭素，窒素などの成分は，気体となって地表を取り巻く(11　　　　　　)を形成した。原始大気が熱を閉じ込めたことや，衝突で生じた熱によって地表面がとけ，マグマが海のように広がる(12　　　　　　　)で全体が覆われた。

▶核とマントルの形成(約46億年前)　マグマオーシャンの中では，重い(13　　　　　　)と，軽い(14　　　　　　　)の分離がおこり，鉄はマグマオーシャンの底にたまっていった。その結果，中心部に鉄質の(15　　　　　　　)ができ，その周囲に岩石質の(16　　　　　　)がつくられた。

▶地殻と原始海洋の形成(約40億年前)　地表の温度が低下すると，マグマオーシャンの表面は固まり，岩石の(17　　　　　　)ができた。水蒸気から雲が生じ，高温の(18　　　　　　)が降り続き，(19　　　　　　)が形成された。

▶大気と海洋の役割　現在，地球の大気は，地表の(20　　　　　　)が宇宙空間に逃げるのを防いでいる。また，海洋は，温度の変化が小さく，気温の変動を抑えている。このような大気と海洋の働きによって，地表の平均気温は約15℃に保たれている。

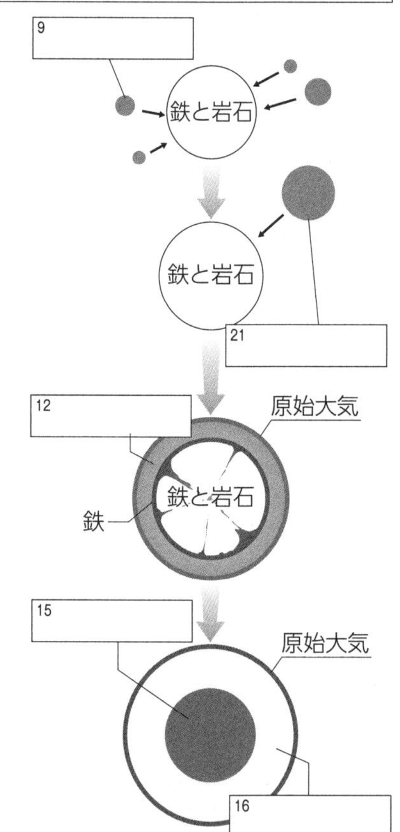

思考

現在の海洋が果たす役割とは何か。「変動」を用いて，20字以内で説明せよ。

➡まとめ-2

練習問題

学習日：　　月　　日／学習時間：　　分

知識

105. 生命が存在する条件 次の各問いに答えよ。

(1) 地球に生命が誕生した条件として適当なものをa～cの中から選べ。また，その条件が可能となった理由として適切なものをア～エの中からすべて選べ。

【条件】 a 酸素の存在　b 液体の水の存在

c オゾン層の存在

【理由】 ア 太陽からの距離が適切であった。

イ 月の大きさが適切であった。

ウ 地球の質量が適度であった。

エ 地球と月との距離が適切であった。

(2) 宇宙空間の中で，天体に液体として水が存在でき，生命が存在できる範囲を何というか。

105 ➡まとめ-1

	条件	理由
(1)		
(2)		

ヒント 生命の誕生に，酸素やオゾン層は必ずしも必要ではない。

知識

106. 原始地球の進化 次のa～eの文は，原始地球の進化について述べたものである。時間の経過順に並べ替えよ。

a 中心部に鉄の核，そのまわりに岩石質のマントルが形成された。

b 鉄と岩石の分離がおきた。

c 水，二酸化炭素，窒素などの成分が気体となって，原始大気がつくられた。

d マグマオーシャンで全体が覆われた。

e 固体の地表面(地殻)がつくられた。

106 ➡まとめ-2

ヒント マグマオーシャンの状態になり，鉄と岩石の分離がおきた。

知識

107. 大気と海洋の形成 次の各問いに答えよ。

(1) 原始大気は何を材料として形成されたか。最も適切なものを選べ。

ア 太陽に含まれていた成分　イ 微惑星に含まれていた成分

ウ 月に含まれていた成分

(2) 原始海洋が形成された直前の過程として，最も適切なものを選べ。

ア 氷の微惑星が大量に衝突した。　イ 雪が長時間降り続いた。

ウ 高温の雨が長時間降り続いた。

(3) 原始海洋が形成された時期として，最も適切なものを選べ。

ア 約46億年前　イ 約40億年前　ウ 約36億年前

(4) 次の文章は，現在の大気や海洋の働きについて述べたものである。［　］内の語句から，適切なものを選んで記入せよ。

地球をとりまく大気は，地球の熱が逃げるのを［ア 促す，防ぐ］働きをしている。また，地表の約70%を占める海洋は，温度の変化が［イ 大きい，小さい］ため，気温の変動を［ウ 強める，抑える］働きをしている。

このような大気と海洋の働きによって，現在の地表の平均温度は，［エ 約15℃，約20℃，約25℃］に保たれている。

107 ➡まとめ-2

(1)
(2)
(3)
(4)ア
イ
ウ
エ

第4章 章末問題

学習日：　　月　　日／学習時間：　　分

知識

1 宇宙の誕生　次の文章を読んで，以下の各問いに答えよ。

約(　1　)年前，誕生したばかりの宇宙は(　2　)とよばれる極めて高温・高密度の状態であった。

宇宙空間は時間とともに(　3　)し，温度が低下するとともに陽子や中性子が誕生した。38万年後には原子核が(　4　)をとらえて水素原子や(　5　)原子になり，光が直進できるようになった。

やがて，恒星が誕生し，銀河が形成された。

問1　文章中の(　1　)～(　5　)に適する語句を答えよ。

問2　下線部の現象を何とよぶか。

思考

2 銀河系の構造　銀河系に関する次の各問いに答えよ。

問1　銀河系について述べた文として**誤っているもの**を，次の①～④から1つ選べ。

① 太陽系が所属する銀河を銀河系とよぶ。

② 銀河系は1000億個以上の恒星の集団である。

③ 銀河系のディスクの直径は約3万光年である。

④ 天の川の明るい部分は銀河系の中心方向にあたる。

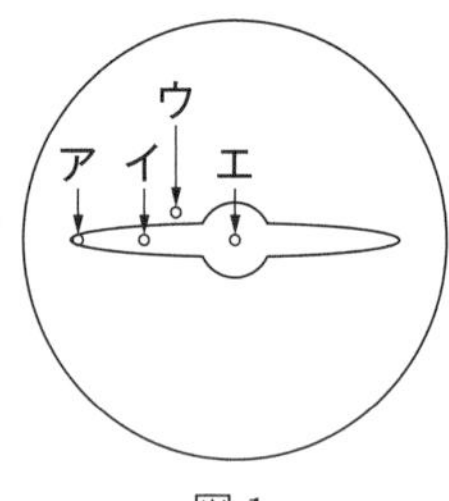

図1

問2　太陽系の位置として最も適当なものを，図1のア～エの中から1つ選べ。

問3　球状星団を図のaとbから選び，記号で答えよ。

a

b

問4　球状星団の特徴として適当なものを，次のア，イから1つ選べ。

ア 数十万個以上の年老いた星の集まり

イ 数十個から数百個程度の若い星の集まり

知識

3 太陽の誕生　次の文章を読んで，以下の各問いに答えよ。

原始太陽は，星間物質が局所的に集まった星間雲から誕生した。収縮によって中心部の温度や圧力が上昇し，やがて水素の(　1　)が始まると，現在の太陽のように安定して輝く恒星となった。

現在の太陽は，原始太陽が誕生してから約(　2　)年が経過したところである。太陽の寿命は約(　3　)年と見積もられている。

問1　文章中の(　1　)～(　3　)に適する語句や数値を答えよ。

問2　下線部のような段階の恒星を何とよぶか。

1

問1 (1)	
(2)	
(3)	
(4)	
(5)	
問2	

2

問1	
問2	
問3	
問4	

3

問1 (1)	
(2)	
(3)	
問2	

📖知識

4 太陽の構造 図2は太陽の模式図である。以下の各問いに答えよ。

問1 A～Cの名称を答えよ。

問2 光球の周縁部が暗く見えることを何というか。

問3 次の①～④の文のうち，正しいものをすべて選べ。

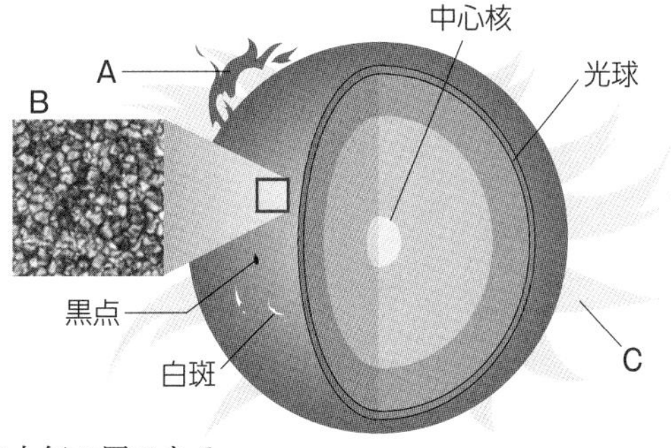

図2

① 光球は，一番外側の大気の層である。

② 黒点は，周囲よりも磁場が強い。

③ 白斑は，黒点のまわりに現れる。

④ コロナの温度は，約6000Kである。

4	
問1 A	
B	
C	
問2	
問3	

思考

5 太陽系の天体 次の文章を読んで，以下の各問いに答えよ。

太陽系には，約46億年前に，①原始太陽系円盤から誕生した8個の惑星が存在する。そのほかに，惑星のまわりを回る②衛星や，③水星と金星の間に多数存在する小惑星，④冥王星の外側を公転する太陽系外縁天体，氷と塵からなる彗星などのさまざまな天体が存在している。

問1 下線部①～④について，正しければ○を，誤っていれば正しい語句を記入せよ。

問2 地球型惑星と木星型惑星を比べたときの，地球型惑星の特徴として最も適当なものを，次のA～Fから2つ選べ。

A 半径が大きい　　B 質量が大きい　　C 金属の核をもつ

D 平均密度が大きい　　E 衛星の数が多い　　F 環が存在する

問3 太陽系の惑星について述べた以下の文について，あてはまる惑星の名称を答えよ。

(1) 半径が地球の半分程度で，地球よりも質量が小さく，大気が少ない。また，季節変化が見られる。

(2) 大気がほとんどなく，表面温度は昼と夜とで大きく異なる。

(3) 平均密度が水よりも小さく，厚さが数百mの環をもつ。

(4) 自転軸が公転面に垂直な方向に対して，ほぼ真横を向いている。

(5) 厚い二酸化炭素の大気をもち，平均表面温度は450℃にも達する。

問4 原始地球の進化に関する出来事ア～エを，古い順に並べ替えよ。

ア 微惑星の衝突と合体によって，大きくなった。

イ 地球の内部に，核とマントルが形成された。

ウ 冷えて固体の地表面がつくられた。

エ マグマオーシャンが形成された。

5	
問1 ①	
②	
③	
④	
問2	
問3 (1)	
(2)	
(3)	
(4)	
(5)	
問4 →	
→ →	

●教科書 p.142〜145

30 地層の形成／地層の重なりと広がり

学習のまとめ

1 風化

地表の岩石が細かく砕かれたり，分解されたりする現象を(1　　　　　)という。

風化の種類	岩石の破壊や分解の進みかた	風化の進みやすい地域
物理的風化	昼夜や季節の(2　　　　　)によって，鉱物間の結びつきが弱まって，岩石が破壊される。	乾燥した地域や(3　　　　　)な地域
化学的風化	鉱物や岩石が，(4　　　　　)や大気と反応して分解されていく。石灰岩は，雨水と反応して(5　　　　　)する。	温暖で(6　　　　　)な地域

2 河川の働き

(7　　　　　)作用…まわりの岩石や土砂を削り取る作用
(8　　　　　)作用…削り取った岩石や土砂を下流に運ぶ作用
(9　　　　　)作用…岩石や土砂を川底に積もらせる作用

流速(cm/s)：1000，500，100，50，10，5，1，0.5，0.1
7　8　9
川底の粒子が動き始める速度
粒径(mm)：$\frac{1}{1000}$，$\frac{1}{100}$，$\frac{1}{10}$，1，10，100

泥	砂	礫

3 地層の重なり

一連の地層では，下の地層が上の地層よりも古くなる。これを(10　　　　　)の法則という。

▶整合…地層は，堆積が継続している間，下から上へ(11　　　　　)に積み重なっている。この重なりの関係を(12　　　　　)という。

▶不整合…地層が隆起して堆積が(13　　　　　)し，(14　　　　　)を受けたのち，その上に新たな地層が堆積すると，その間に(15　　　　　)が形成される。この上下の地層の関係を(16　　　　　)という。

17　18

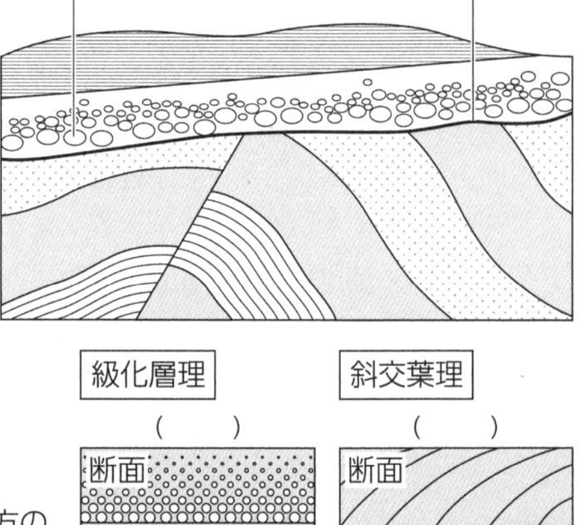

4 地層の対比

互いに(19　　　　　)地域に分布する地層が，(20　　　　　)のものかどうかや，(21　　　　　)の関係を調べることを(22　　　　　)という。その際には，短い時間に，広範囲にわたって堆積し，目立った特徴のある地層が利用される。このような地層を(23　　　　　)といい，(24　　　　　)や特定の化石を含む地層が利用される。

ワーク▶右図の堆積構造を見て，地層の上下を判定し，上位になる方の(　)に丸を記入せよ。

説明してみよう！　思考

地層累重の法則を，「下の地層」を用いて，25字以内で説明せよ。

➡まとめ-3

（解答欄：10，20）

練習問題

学習日：　　　月　　　日／学習時間：　　　分

知識

108. 風化　次のア～エは，それぞれ物理的風化と化学的風化のいずれにあてはまるか，分類せよ。

ア　岩石や鉱物が，水や大気に反応して分解される。

イ　季節や昼夜の温度変化によっておこる。

ウ　乾燥した地域や，寒冷な地域で進みやすい。

エ　温暖で湿潤な地域で進みやすい。

108　➡まとめ 1

物理的風化
化学的風化

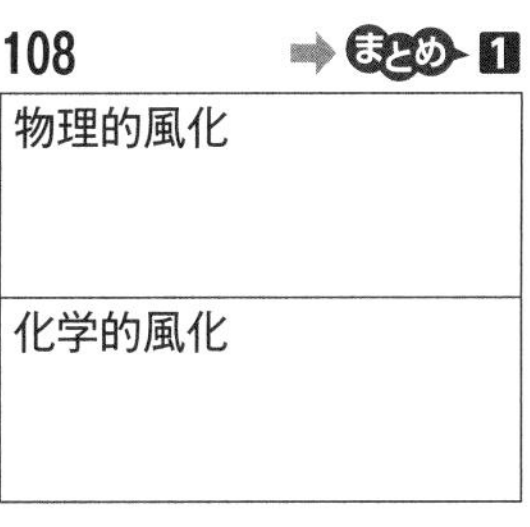

思考

109. 地層の形成　グラフをもとに，文章中の空欄にあてはまる数値や語句を，語群から選べ。

粒径 1 mm の砂の粒子が，川底で動き始める流速は，約(　1　)である。

流速 5 cm/s のとき，礫は(　2　)。

【語群】

ア　1 cm/s　　イ　20 cm/s

ウ　川底に堆積する

エ　川底を転がりながら運搬される

109　➡まとめ 2

(1)
(2)

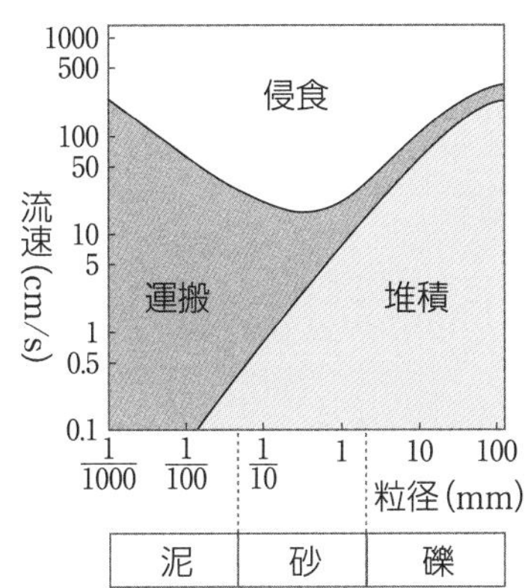

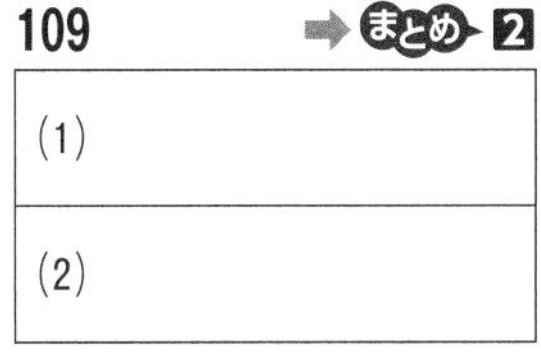

ヒント　グラフの縦軸，横軸の数値から読みとる。

思考

110. 整合と不整合　次の図を見て，以下の各問いに答えよ。

(1)　図中の①のように，不整合の上位で見られる岩石を何というか。

(2)　図中に示されたⓐ～ⓔの形成順を記号で答えよ。

(3)　次の文中の空欄に適切な語句を記入せよ。

不整合の存在は，下部の地層がいったん(　ア　)に隆起して，(　イ　)を受けたのち，再び海面下に(　ウ　)し，その上に上部の地層が堆積したことを物語っている。

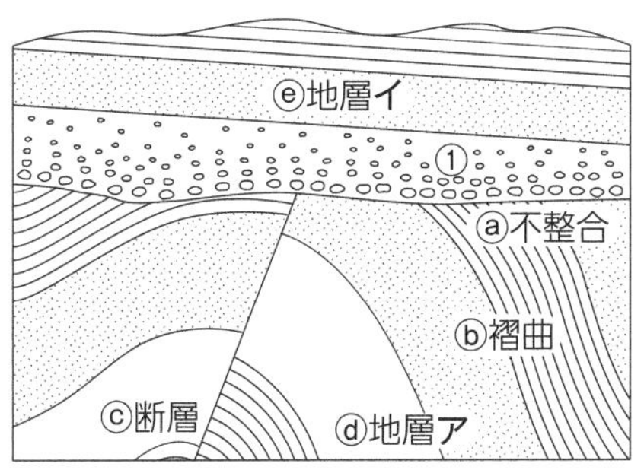

110　➡まとめ 2 3

(1)
(2)　　→　　→
→　　→
(3)ア
イ
ウ

知識

111. 地層と堆積構造　次の各文は，地層と堆積構造について述べたものである。下線部について，正しいものには○を，誤っているものには正しい語句を記入せよ。

(1)　一連の地層では，下の地層が上の地層よりも<u>新しく</u>なっている。

(2)　離れた地域の地層でも，同じ種類の化石を含む地層は，同時代のものと判断でき，これを<u>地層同定の法則</u>という。

(3)　堆積構造を調べることで，地層の<u>上下判定</u>を行うことができる。

(4)　級化層理中では，粒子が<u>上から下</u>に向かって細かくなる構造が見られる。

(5)　タービダイトの断面には，<u>級化層理</u>が見られることが多い。

111　➡まとめ 3 4

(1)
(2)
(3)
(4)
(5)

第5章　生物の変遷と地球環境

●教科書 p.146～147

31 堆積岩

学習のまとめ

1 続成作用

堆積物が固結し，岩石に変わっていく作用を([1]　　　　　　)という。
続成作用によってできた岩石を([2]　　　　　　)という。

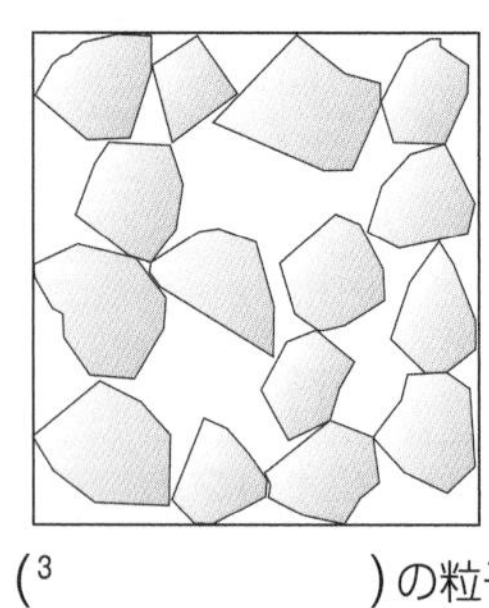

([3]　　　　　　)の粒子

([4]　　　　　　)カ

([6]　　　　　　)$CaCO_3$や
([7]　　　　　　)SiO_2を含む水

圧縮によって，粒子の間の([5]　　　　　　)が絞り出され，粒子は，ほかの粒子と接している部分からとけ出す。

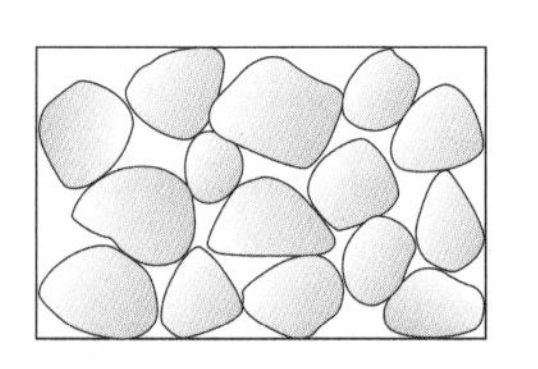

粒子と粒子の間に，新たな([8]　　　　　　)ができて，粒子を固結させる。

ワーク ▶図の水の部分を青，新たにできた鉱物の部分を赤で塗れ。

2 堆積岩の種類

堆積岩は，そのでき方や，起源となった堆積物にもとづいて，([9]　　　　　　)，([10]　　　　　　)，([11]　　　　　　)，([12]　　　　　　)の4種類に大別される。

種　類	でき方，特徴	堆積物(粒径)	堆積岩
砕屑岩	([13]　　　　　　)が水底などに運ばれ，固結してできた堆積岩。構成粒子の([14]　　　　　　)によって，礫岩，砂岩，泥岩に分けられる。	泥($\frac{1}{16}$ mm以下)	([15]　　　　　　)
		砂($\frac{1}{16}$～2 mm以下)	砂岩
		礫(2 mm以上)	([16]　　　　　　)
火山砕屑岩(火砕岩)	火山から噴出した([17]　　　　　　)が集まって固結した堆積岩。	火山灰	([18]　　　　　　)
		火山岩塊と火山灰	凝灰角礫岩
生物岩	生物の([19]　　　　　　)が集まって固結した堆積岩。	フズリナ・サンゴ	([20]　　　　　　)
		放散虫など	([21]　　　　　　)
化学岩	水に([22]　　　　　　)していた物質が([23]　　　　　　)してできた堆積岩。	$CaCO_3$を主成分とする	石灰岩
		SiO_2を主成分とする	([24]　　　　　　)
		NaClを主成分とする	([25]　　　　　　)
		$CaSO_4$を主成分とする	([26]　　　　　　)

説明してみよう！ 思考

石灰岩とはどのような岩石か。「炭酸カルシウム」と「遺骸」を用いて，25字以内で説明せよ。

→まとめ 2

知識

112. 続成作用　続成作用について述べた次の文の下線部について，正しいものには○を，誤っているものには，正しい語句を記入せよ。

(1) 岩石の破片や鉱物の粒子を<u>砕屑物</u>という。
(2) 未固結の堆積物が圧縮されると，粒子間の<u>鉱物</u>が絞り出される。
(3) <u>炭酸カルシウム</u>や二酸化ケイ素が新たな鉱物となって，粒子のすき間を埋める。
(4) 続成作用によってできた岩石を<u>火成岩</u>という。

112 ➡まとめ 1

(1)
(2)
(3)
(4)

知識

113. 堆積岩の種類　aとbの堆積岩について，以下の問いに答えよ。

(1) a，bの岩石名を判定せよ。
(2) aの堆積岩の主成分となっている物質を次の中から選べ。
NaCl　$CaCO_3$　SiO_2　$CaSO_4$　H_2O

a

かたく緻密な堆積岩で，放散虫の遺骸が集まってできている。

b

2mm以上の粒の大きな砕屑物が集まってできている。

(3) 堆積物がしだいに固結し，堆積岩に変わっていく作用を何というか。

113 ➡まとめ 2

(1)a
b
(2)
(3)

ヒント　堆積岩は，でき方や起源となった堆積物にもとづいて分類する。

知識

114. 堆積岩の種類　堆積岩について，以下の問いに答えよ。

(1) 次にあげるア～オの特徴は，それぞれ砕屑岩，火山砕屑岩，生物岩，化学岩のいずれに分類できるか答えよ。
ア　乾燥した気候では，塩湖や干潟などの水が蒸発してできる。
イ　フズリナやサンゴなど，生物の遺骸が集まってできる。
ウ　粒子の大きさによって，礫岩，砂岩，泥岩に分けられる。
エ　凝灰岩や凝灰角礫岩などがある。
オ　水に溶解していた物質が沈殿してできる。

(2) 次のア～ウの粒径の砕屑物に対応する岩石名を語群から選べ。
ア　$\frac{1}{16}$ mm以下　　イ　$\frac{1}{16}$ mm～2mm　　ウ　2mm以上
【語群】　砂岩　礫岩　泥岩

114 ➡まとめ 2

(1)砕屑岩
火山砕屑岩
生物岩
化学岩
(2)ア
イ
ウ

思考

115. 岩石の判定　次の文は，生徒が実習で拾った岩石AとBの特徴を，それぞれ述べたものである。AとBの岩石名を，それぞれ語群から選べ。

A　・手ざわりはざらざらとしており，細かな鉱物からなる。
　　・構成粒子の大きさは，0.5mm～1mmである。
B　・明るい灰色をしている。
　　・フズリナの遺骸が見られる。
　　・希塩酸をかけると泡が出る。

【語群】　礫岩　チャート　砂岩　泥岩　石灰岩

115 ➡まとめ 2

A
B

第5章 生物の変遷と地球環境

32 化石と地質時代①／化石と地質時代②

●教科書 p.150〜153

学習のまとめ

1 さまざまな化石

▶**化石**…過去の生物の(1　　　　　　)や生活の跡が(2　　　　　　)の中に保存されているもの。
足跡，はい跡，巣穴など，生物が生活していた痕跡が残った化石を(3　　　　　　)という。

▶**示相化石と示準化石**

示相化石	示準化石
その生物が生息していた場所の(4　　　　　　)を知る手がかりとなる化石。 生物が(5　　　　　　)によって，限られた環境のもとで生息することを利用している。	地層が形成された(7　　　　　　)を知る手がかりとなる化石。 生息した(8　　　　　　)が短く，(9　　　　　　)い範囲に分布する生物の化石が適している。
示相化石の例…造礁サンゴ 水の澄んだ(6　　　　　　)く，浅い海で繁殖する。	示準化石の例…(10　　　　　　) 中生代の海で繁栄した。

2 相対年代と数値年代

▶**相対年代**…地質時代は，主に生物の(11　　　　　　)の変化の激しい時期を境に区分されている。この区分は，地質時代の相対的な新旧関係を示すものであり，(12　　　　　　)とよばれる。

▶**数値年代**…岩石や鉱物の形成年代を数値で表したものを(13　　　　　　)という。

3 地質時代の区分

地質時代は，(14　　　　　　)の変遷のほか，(15　　　　　　)とよばれる地層の重なりの順序や，岩石の(16　　　　　　)などにもとづいて区分され，相対年代と数値年代を合わせて，体系づけられてきた。

右図は顕生代の海生無脊椎動物の属の数の変化を表している。顕生代には，5回(図の①〜⑤)の大きな(17　　　　　　)があった。

ワーク▶右図の矢印のうち，P/T境界を赤，K/Pg境界を青でなぞれ。

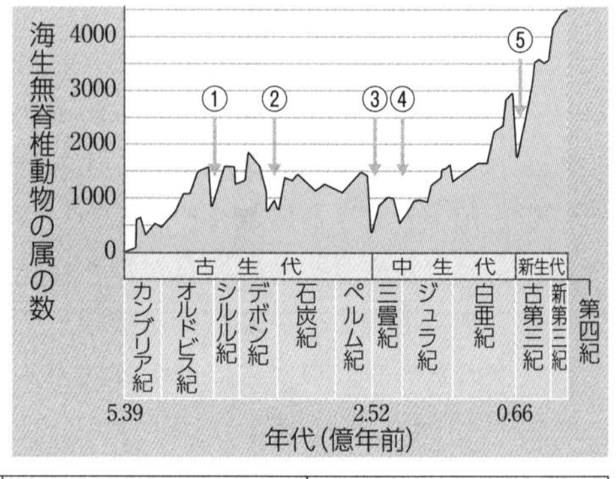

代	(18　　)時代	(19　　　　)代						(20　　　　)代			(21　　　　)代		
紀		カンブリア紀	オルドビス紀	シルル紀	(22　　)紀	石炭紀	(23　　)紀	三畳紀	ジュラ紀	(24　　)紀	古第三紀	新第三紀	第四紀

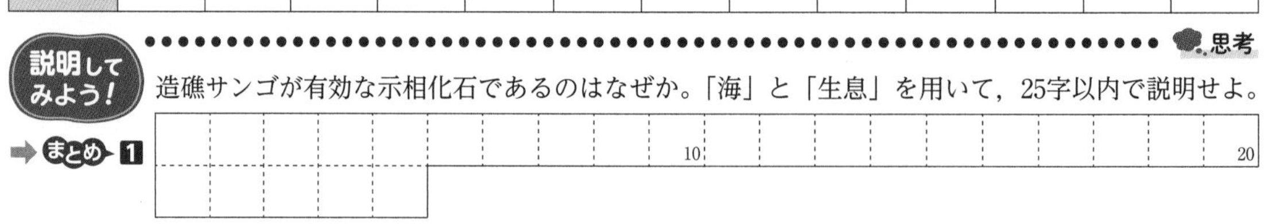

造礁サンゴが有効な示相化石であるのはなぜか。「海」と「生息」を用いて，25字以内で説明せよ。

知識

116. 化石　次の文の下線部について，正しいものには○を，誤っているものには，正しい語句を記入せよ。

(1) 放散虫は，広く分布して進化速度が速く，個体数も多いため，示準化石として用いられる。

(2) 巣穴，はい跡などの生物の生活の痕跡を示準化石という。

(3) 古い時代の化石では，生物体の遺骸そのものは見られず，形だけが地層に残されたものが多い。

(4) 造礁サンゴは，暖かく深い海であったことを示す示相化石である。

(5) 恐竜の足跡は，生痕化石である。

知識

117. 示相化石と示準化石　次の(1)〜(5)のうち，示相化石にあてはまるものにはA，示準化石にあてはまるものにはBを記入せよ。

(1) 生物が生息していた当時の環境を知る手がかりとなる化石。

(2) 生息期間が短く，広い範囲に分布する生物の化石。

(3) ある時期の限られた地層から発見される化石。

(4) 花粉化石のように気候の推定に利用できる化石。

(5) 淡水や深海など特定の環境にすむ生物の化石。

知識

118. 相対年代と数値年代　次のア〜ウの文を，相対年代と数値年代のいずれかに分類せよ。

ア 「20億年前」のように，数値を使って表現する。

イ 示準化石や地層同定の法則にもとづいて決定する。

ウ 岩石や鉱物の形成年代を測定する。

知識

119. 地質時代の区分　以下の各問いに答えよ。

(1) 次の文章中の空欄に適切な語句を記入せよ。

地球が誕生した約(　ア　)年前から5億3900万年前までの時代を(　イ　)時代という。その次の時代，5億3900万年前から現在までの時代を顕生代という。顕生代は，多くの明瞭な(　ウ　)が見つかっており，その情報にもとづいて，古い順に，古生代，(　エ　)，新生代に区分される。

(2) 次の表は，相対年代による地質時代を表している。表下の(a)，(b)にあてはまる数値年代を答えよ。ただし，億，万などは漢字で記せ。

(　イ　)	古生代	(　エ　)	新生代

(　ア　)年前　　5億3900万年前　　(a)年前　　(b)年前　　現在

116 → まとめ 1

(1)
(2)
(3)
(4)
(5)

117 → まとめ 1

(1)
(2)
(3)
(4)
(5)

118 → まとめ 2

相対年代
数値年代

119 → まとめ 2 3

(1)ア
イ
ウ
エ
(2)(a)
(b)

33 先カンブリア時代①／先カンブリア時代②

●教科書 p.156〜159

学習のまとめ

1 地球誕生時のようす

約(1　　　　　)年前に誕生した地球は，微惑星の衝突などの熱によって生じた(2　　　　　)に覆われていた。

2 原始大気の組成／海洋の誕生と大気への影響

原始大気の主成分は，水蒸気と(3　　　　　)であった。

地球が冷えてくると，原始大気に含まれていた(4　　　　　)は，(5　　　　　)として地表に降り注いだ。約40億年前の片麻岩や38億年前の(6　　　　　)が見つかっていることから，太古代の初めには，初期の地殻と(7　　　　　)が形成されていたと推測される。海洋の誕生によって，大気中の(8　　　　　)は，海水にとけるなどして，徐々に大気から取り除かれた。

3 生物の出現／シアノバクテリアの出現

(9　　　　　)	核をもたない細胞でできた生物。
シアノバクテリア	(10　　　　　)を行い，酸素をつくり出す微生物。 このような生物の働きによって，石灰質の(11　　　　　)がつくられる。

4 酸素濃度の増加

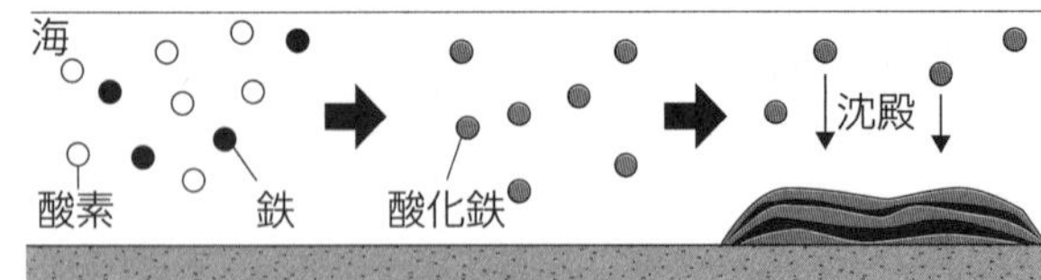

光合成生物の働きによって，海洋中に(12　　　　　)が増えた。

酸素が海水中にとけている鉄と結合し(13　　　　　)が大量に生じた。

(14　　　　　)が沈殿し，大規模な(15　　　　　)を形成した。

ワーク 大気中の酸素濃度の変化のグラフを赤，二酸化炭素濃度の変化のグラフを青でなぞれ。

5 全球凍結／真核生物の出現

原生代初めと，原生代末には，大気中の二酸化炭素などの(16　　　　　)が減少し，気温が低下した。そのため，氷河が低緯度地域にまで広がり，地球全体が氷で覆われる(17　　　　　)がおこった。

全球凍結が終わり，温暖化した原生代前期には，核をもつ単細胞の(18　　　　　)が現れ，さらに，多数の細胞からできた(19　　　　　)に進化していたと考えられている。

6 エディアカラ生物群

約6億年前に全球凍結が終わり，生き延びた生物の一部は大型の多細胞生物へと進化した。南オーストラリアで，約5億5000万年前の砂岩から，やわらかくて扁平な多細胞生物の化石が大量に発見されており，この生物群は(20　　　　　)とよばれる。

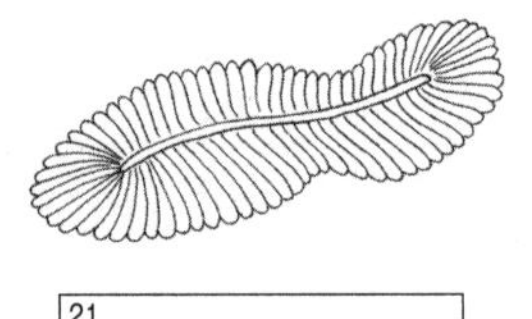

21

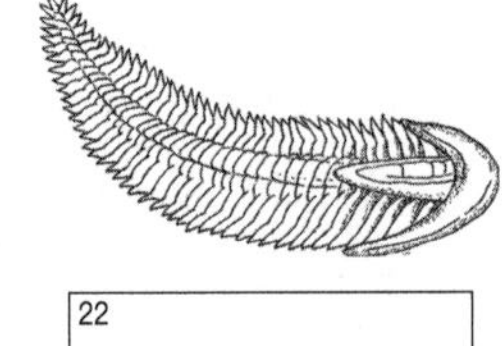

22

説明してみよう！　思考

原生代に，大気や海洋中の酸素濃度が増加したのはなぜか。生物の働きに着目して，25字以内で説明せよ。

➡まとめ 4

練習問題

学習日：　　月　　日／学習時間：　　分

知識

120. 先カンブリア時代　次のア～エの出来事と関連の深い語句を，それぞれ語群から選べ。

ア　生命が誕生した場所として注目されている。
イ　微惑星や原始惑星の衝突などの熱によって生じ，地球全体を覆った。
ウ　すでに存在していた海洋にマグマが噴出してできた。
エ　海洋にとけていた鉄分と酸素が結合してできた。

【語群】　縞状鉄鉱層　熱水噴出孔　枕状溶岩　マグマオーシャン

120 ➡まとめ 1 2 3 4

ア	
イ	
ウ	
エ	

知識

121. 光合成生物と大気の変化　次の(1)～(5)の文の下線部について，正しいものには○を，誤っているものには，正しい語句を記入せよ。

(1)　<u>シアノバクテリア</u>は光合成を行い，酸素をつくり出す微生物である。
(2)　約25億年前から，大気中の酸素濃度は急激に<u>低下</u>した。
(3)　生物の光合成によって，大気中の<u>二酸化炭素濃度</u>が増加した。
(4)　酸素濃度の増加に伴い，<u>酸化作用</u>から身を守る生物が現れた。
(5)　呼吸とは，<u>窒素</u>を用いて有機物を分解し，エネルギーを得ることである。

121 ➡まとめ 2 3 4

(1)	
(2)	
(3)	
(4)	
(5)	

知識

122. エディアカラ生物群　次の文は，エディアカラ生物群について述べたものである。文中の［　］内から，適当な語句を選び記入せよ。

・約5億5000万年前の［ア 砂岩，花こう岩］から化石が発見された。
・かたい殻や骨格を［イ もつ，もたない］。
・やわらかくて扁平な体をもつ［ウ 原核生物，多細胞生物］である。
・多くは［エ 冥王代末，原生代末］に絶滅した。

122 ➡まとめ 6

ア	
イ	
ウ	
エ	

知識

123. 環境の変化と生物の進化　次のグラフをもとに，各問いに答えよ。

(1)　大気中の酸素濃度の急激な増加が始まった時期として適切なものを1つ選べ。
ア　約40億～30億年前
イ　約25億～20億年前
ウ　約15億～10億年前
エ　約10億～5億年前

(2)　大気中の酸素濃度の上昇と関連の深い生物を1つ選べ。
ア　ディキンソニア　イ　シアノバクテリア　ウ　スプリギナ

(3)　先カンブリア時代におきた次のア～ウの出来事を，古いものから新しいものへ年代順に並べよ。
ア　二度目の全球凍結が終わった。
イ　大気中の酸素濃度が急激に増加した。
ウ　エディアカラ生物群が出現した。

123 ➡まとめ 2 3 4 5 6

(1)	
(2)	
(3)	→ →

34 古生代①

学習のまとめ

1 カンブリア紀（5億3900万～4億8500万年前）

カンブリア紀になると，気候は温暖化し始め，原生代末の（1　　　　　）を逃れた生物から，多様な（2　　　　　）が爆発的に増加した。このような現象は（3　　　　　）とよばれる。節足動物のなかまである（4　　　　　）もこの時代に出現し繁栄した。

カンブリア紀爆発によって登場した多様な形をした動物の化石群がカナダ西部や中国から見つかっており，それぞれ（5　　　　　），澄江動物群とよばれている。

4［　　　　　］

6［　　　　　］

7［　　　　　］

2 オルドビス紀（4億8500万～4億4400万年前）

オルドビス紀には，温暖な気候のもと，海の中にサンゴや（8　　　　　）が繁栄した。

陸上では，コケ植物の胞子や節足動物の（9　　　　　）の化石が産出しており，生物が陸上に進出していたと考えられる。成層圏には，大気中の（10　　　　　）濃度の上昇に伴い，安定した（11　　　　　）が形成されており，生物に有害な（12　　　　　）を吸収していた。

3 シルル紀（4億4400万～4億1900万年前）

陸上に進出した（13　　　　　）は，活発な光合成を行い，生育場所を拡大していた。

最古の陸上植物の化石は（14　　　　　）である。この植物は，コケ植物とシダ植物の両方の特徴を持っていた。

その後，からだが根・茎・葉に分かれた（15　　　　　）が現れた。

シルル紀の終わりごろの水中では，無顎類の一部が顎を発達させ，原始的な（16　　　　　）へと進化した。

14［　　　　　］

4 デボン紀（4億1900万～3億5900万年前）

シルル紀の終わりに出現した（17　　　　　）は，デボン紀になって繁栄した。

陸上では，（18　　　　　）した環境に耐えられる植物として，種子をつくる（19　　　　　）が出現した。

デボン紀後期の地層からは，アカントステガやイクチオステガなど原始的な（20　　　　　）の化石が発見されており，このころ，脊椎動物が（21　　　　　）へ進出したと考えられる。

デボン紀

ユーステノプテロン（魚類）
ひれに（22　　　　　）のような骨格をもつ。

胸びれの骨格

デボン紀

アカントステガ（両生類）
肺とともにえらがあり，（23　　　　　）はなく，あしが使われた。

前あしの骨格

説明してみよう！　思考

カンブリア紀爆発とは，どのような現象か。「無脊椎動物」を用いて，20字以内で説明せよ。

➡まとめ 1

［　　　　　　　　　　10　　　　　　　　　　20］

練習問題

学習日：　　月　　日／学習時間：　　分

知識

124. カンブリア紀 次の表中の空欄にあてはまる語句を語群から選べ。

時代	名称	特徴
原生代末	エディアカラ生物群	体が(　A　)，扁平なものが多かった。
カンブリア紀	バージェス動物群	かたい(　B　)をもつものや，強力な歯をもつものが存在した。 →被食－(　C　)の関係があった。

【語群】 かたく　やわらかく　捕食　分解　殻

124 ➡まとめ 1

A
B
C

ヒント バージェス動物群には，それまでにない特徴をもつものがいた。

知識

125. オルドビス紀 以下の各問いに答えよ。

(1) 次のア～ウの出来事を，古いものから新しいものへ年代順に並べよ。

ア 光合成を行う生物が出現した。

イ 陸上に植物や動物が進出した。

ウ 大気中の酸素濃度が増大した。

(2) オゾン層は，生物にとって有害なあるものを吸収する働きをしている。それは何か。

125 ➡まとめ 2

(1)　→　→
(2)

知識

126. シルル紀 シルル紀に関する次の(1)～(3)の文の下線部について，正しいものには○を，誤っているものには，正しい語句を記入せよ。

(1) 最古の陸上植物の化石は<u>三葉虫</u>である。

(2) 無顎類の中から原始的な<u>ハ虫類</u>が現れた。

(3) からだが根・茎・葉に分かれた<u>コケ植物</u>が現れた。

126 ➡まとめ 3

(1)
(2)
(3)

知識

127. デボン紀 デボン紀の生物に関する次の(1)～(3)の文の下線部について，正しいものには○，誤っているものには正しい語句を記入せよ。

(1) デボン紀後期の地層からは，アカントステガなどの原始的な<u>哺乳類</u>の化石が発見されている。

(2) 乾燥した環境に耐えられる，種子をつくる<u>シダ植物</u>が現れた。

(3) <u>脊椎動物</u>が陸上へ進出したのは，このころと考えられる。

127 ➡まとめ 4

(1)
(2)
(3)

知識

128. 古生代の生物 次の写真の生物の名前を語群から選べ。

(1)

(2)
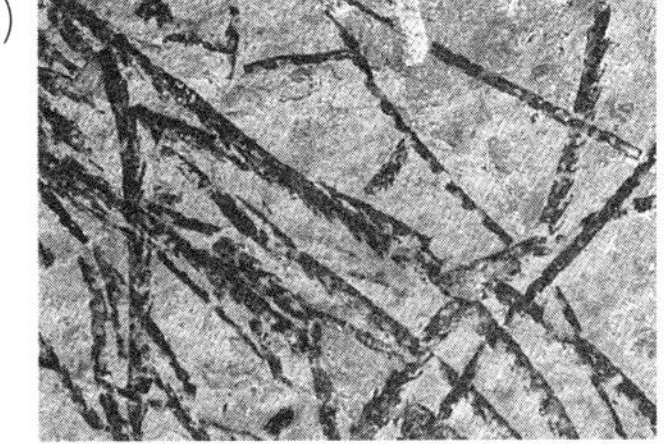

【語群】 ピカイア　筆石　無顎類　三葉虫

128 ➡まとめ 1 2 3 4

(1)
(2)

第5章 生物の変遷と地球環境

35 古生代②

学習のまとめ

1 石炭紀（3億5900万～2億9900万年前）

ロボクやリンボクなどの大型の（1　　　　　）が繁栄し，（2　　　　　）を形成した。これらの遺骸が大量に蓄積して，（3　　　　　）になった。

▶石炭紀の大気組成の変化

	変化	原因
酸素	大気中の濃度が（4　　　　　）	湿地帯で繁栄した（5　　　　　）による光合成
二酸化炭素	大気中の濃度が（6　　　　　）	二酸化炭素を取り込んだシダ植物が（7　　　　　）されないまま地中に埋没したこと

石炭紀末の大陸配置

ワーク ▶氷床に覆われた地域を赤で塗れ。

（8　　　　　）濃度の低下によって，大気の（9　　　　　）が弱まり，石炭紀末には，気候が寒冷化した。これに伴い，南半球には（10　　　　　）が発達した。

▶石炭紀の生物

殻に包まれた卵を生む（11　　　　　）と哺乳類につながる動物のなかまの（12　　　　　）が出現し，いずれも乾燥した大陸地域に対応していった。

2 ペルム紀（二畳紀）（2億9900万～2億5200万年前）

ペルム紀初頭には，超大陸（13　　　　　）の形成が進み，気候が（14　　　　　）した。

陸上では，石炭紀に繁栄したシダ植物に代わり，（15　　　　　）が栄えた。

石炭紀からペルム紀の海では，（16　　　　　）やサンゴなど，さまざまな動物が繁栄した。

ペルム期末には地球環境の激変によって，生命史上最大といわれる絶滅が起きており，海生生物の種の（17　　　　　）%が絶滅した。このペルム紀末の大量絶滅は（18　　　　　）とよばれる。

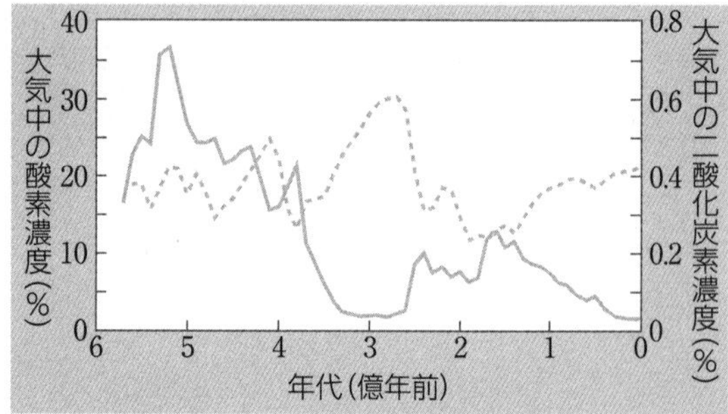

ワーク ▶二酸化炭素濃度のグラフを青，酸素濃度のグラフを赤でなぞれ。

説明してみよう！ 思考

石炭紀末に気候が寒冷化したのは，大気組成のどのような変化が原因か。20字以内で説明せよ。

➡まとめ-1

練習問題

学習日：　　月　　日／学習時間：　　分

知識

129. 石炭紀　石炭紀に関する次の文の下線部について，正しいものには○を，誤っているものには正しい語句を記入せよ。

(1) 大気中の二酸化炭素濃度が増加した。
(2) 大型の昆虫類が繁栄した。
(3) 哺乳類につながる動物のなかまである単弓類が出現した。
(4) ハ虫類は殻に包まれた卵を産み，乾燥に弱い。

知識

130. 石炭紀　次の各問いに答えよ。

(1) 図A，Bは，石炭紀に栄えたシダ植物の一種である。それぞれの名前を答えよ。
(2) これらのシダ植物の活動が関係して生じた環境の変化として，適切なものをすべて選べ。
ア　気候が温暖化した。
イ　気候が寒冷化した。
ウ　海生生物の種の96%が絶滅した。
エ　大気中の二酸化炭素濃度が減少した。
オ　南半球に氷床が発達した。

A　B

(3) これらのシダ植物の遺骸が大量に蓄積されてできた化石燃料は何か。

知識

131. ペルム紀　次の各問いに答えよ。

(1) ペルム紀の出来事として，適切なものをすべて選べ。
ア　ペルム紀初頭には，超大陸パンゲアの形成が進んだ。
イ　ペルム紀初頭には，多様な無脊椎動物の爆発的な増加がおきた。
ウ　ペルム紀末には，激しい火山活動や気候変動がおこった。
エ　ペルム紀末には，多くの生物群が絶滅した。
(2) 右図は，ペルム紀に繁栄した生物である。名前を語群から選べ。
【語群】　アカントステガ　　三葉虫　　リンボク　　フズリナ

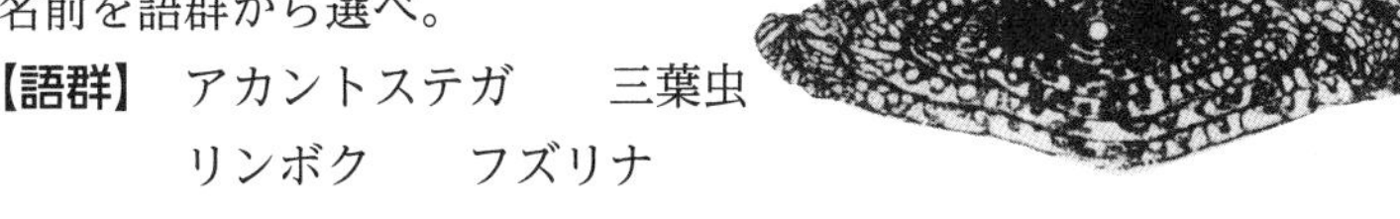

知識

132. 古生代の生物　以下の各問いに答えよ。

(1) 植物に関する次のア～ウの出来事を，古いものから新しいものへ年代順に並べよ。
ア　裸子植物が栄えた。
イ　シダ植物が出現した。
ウ　大型のシダ植物が繁栄し，大森林を形成した。
(2) 動物に関する次のア～ウの出来事を，古いものから新しいものへ年代順に並べよ。
ア　アカントステガなど原始的な両生類が現れた。
イ　フズリナなどの多くの生物が絶滅した。
ウ　殻に包まれた卵を産むハ虫類が現れた。

129　➡まとめ 1

(1)
(2)
(3)
(4)

130　➡まとめ 1

(1)A
B
(2)
(3)

ヒント　シダ植物の光合成によって大気中の二酸化炭素濃度が減少し，気候変動がおきた。

131　➡まとめ 2

(1)
(2)

ヒント　ペルム紀末には地球環境の激変がおきた。

132　➡まとめ 1 2

(1)　→　→
(2)　→　→

36 中生代

学習のまとめ

1 三畳紀（トリアス紀）（2億5200万～2億100万年前）

三畳紀になると，生物はペルム紀末の（1　　　　　）から回復し，海が拡大した。この拡大した海では，（2　　　　　）が繁栄した。これは，中生代の重要な（3　　　　　）化石になっている。

ペルム紀末の大絶滅を生き延びたハ虫類の中からは，（4　　　　　）が出現した。

三畳紀の地層からは，小型の（5　　　　　）とされる化石が発見されている。

植物では，イチョウやソテツなどの（6　　　　　）が繁栄した。

三畳紀末には，超大陸（7　　　　　）の分裂・移動が始まった。

2［　　　　　］の復元図

2 ジュラ紀（2億100万～1億4500万年前）

ハ虫類が次第に種類を増やし，（8　　　　　）していった。当時の大型ハ虫類には，恐竜のほかに，海の中を泳ぐ（9　　　　　）や，空を飛ぶ（10　　　　　）がいた。

ジュラ紀の終わりには，恐竜から（11　　　　　）に進化するものも現れた。

9［　　　　　］の復元図

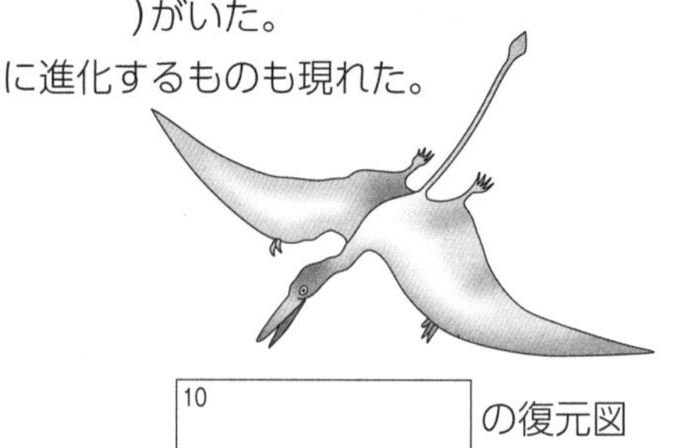

10［　　　　　］の復元図

3 白亜紀（1億4500万～6600万年前）

激しい火山活動によって，（12　　　　　）濃度が上昇し，（13　　　　　）な気候が長く続いた。

有機物の生産量が増加し，地層に大量に蓄積され，（14　　　　　）のもとになった。

陸上では，白亜紀初期に（15　　　　　）が出現した。

海洋では，イノセラムスやトリゴニアなどの（16　　　　　）が繁栄した。

白亜紀後期には（17　　　　　）やトリケラトプスのような恐竜も現れた。しかし，白亜紀末には，巨大な（18　　　　　）の衝突などによって環境が激変し，多くの生物が（19　　　　　）した。

プテラノドン（翼竜）
（翼開長約 7 m）

トリケラトプス
（全長約 7～10 m）

17［　　　　　］
（全長約 12 m）

説明してみよう！ 思考

白亜紀末に多くの生物が絶滅したのはなぜか。「衝突」と「環境」を用いて，20字以内で説明せよ。

→まとめ 3

［　　　　　　　　　　10　　　　　　　　　　20］

📖知識
133. 三畳紀　三畳紀の生物について，以下の各問いに答えよ。

(1)　三畳紀の生物に関する説明文として，適切なものを２つ選べ。

ア　ハ虫類の中から恐竜が出現した。
イ　暖かな海でフズリナが大繁栄した。
ウ　大型シダ植物の大森林ができた。
エ　小型の哺乳類の化石が発見されている。

(2)　次の写真Ａ，Ｂの生物名を語群から選べ。

Ａ

Ｂ

【語群】　三葉虫　　アンモナイト　　フズリナ　　モノチス

133　➡まとめ 1

(1)
(2)Ａ
Ｂ

ヒント　ペルム紀末の大量絶滅を生き延びた生物たちは，中生代に入って大発展した。

📖知識
134. ジュラ紀・白亜紀　次の(1)～(4)の文の下線部について，正しいものには○，誤っているものには，正しい語句を記入せよ。

(1)　ジュラ紀には，ハ虫類が<u>大型化</u>していった。
(2)　ジュラ紀の終わりには，恐竜の中から<u>魚類</u>に進化するものが現れた。
(3)　白亜紀に有機物が地層中に大量に蓄積され，<u>石油</u>のもとになった。
(4)　白亜紀初期に<u>裸子植物</u>が出現した。

134　➡まとめ 2 3

(1)
(2)
(3)
(4)

📖知識
135. 中生代の生物　以下の各問いに答えよ。

(1)　中生代の生物に関する次のア～ウの出来事を，古いものから新しいものへ年代順に並べよ。

ア　被子植物が出現した。
イ　ハ虫類の中から恐竜が出現した。
ウ　アンモナイトや恐竜など多くの生物が絶滅した。

(2)　白亜紀末の大量絶滅の原因となったと考えられる出来事を語群から選べ。

【語群】　巨大地震　　隕石の衝突　　全球凍結

135　➡まとめ 1 2 3

(1)　　→　　→
(2)

ヒント　メキシコのユカタン半島に，巨大隕石衝突の痕跡が残っている。

📖知識
136. 中生代の生物　中生代に繁栄した生物の組合せとして正しいものを，次のア～エの中から１つ選べ。

ア　フズリナ・三葉虫・アンモナイト
イ　アンモナイト・恐竜・トリゴニア
ウ　三葉虫・フズリナ・アカントステガ
エ　恐竜・アノマロカリス・筆石

136　➡まとめ 1 2 3

37 新生代①

学習のまとめ

1 古第三紀(6600万〜2300万年前)

▶古第三紀の環境

古第三紀の前半は，地球全体の気候が(1　　　　　　)で，高緯度地域にも(2　　　　　　)が形成された。日本の北海道や九州にも，温帯や亜熱帯の被子植物が生い茂った。

古第三紀の中ごろには，インド亜大陸を含むプレートが(3　　　　　　)プレートに衝突し，(4　　　　　　)やチベット高原が形成され始めた。

古第三紀の後半から，気温は(5　　　　　　)し始め，高緯度地域で(6　　　　　　)が形成されるようになった。

▶古第三紀の生物

哺乳類がさまざまな環境に適応し，(7　　　　　　)していった。サルやヒトのなかまである(8　　　　　　)が出現し，森林に進出した。

浅い海では，大型の有孔虫である(9　　　　　　)が生息し，ケイ藻などのプランクトンも繁栄した。

9

2 新第三紀(2300万〜260万年前)

▶新第三紀の環境

新第三紀の前半は，一時，気候が(10　　　　　　)で，海水準の高い時期があった。
新第三紀の中ごろには，大気中の(11　　　　　　)濃度が低下し，(12　　　　　　)が進んだ。
ヒマラヤ山脈や(13　　　　　　)の隆起が続き，季節風が活発になった。

▶新第三紀の生物

海には，サメのなかまの(14　　　　　　)が生息した。

海辺では，巻貝のなかまである(15　　　　　　)や，哺乳類の(16　　　　　　)などが栄えていた。

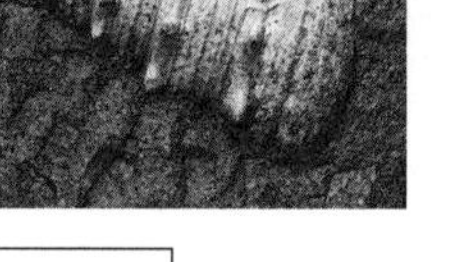

15

16　　　　　　の歯

3 人類の出現

最古の人類の化石は，アフリカの(17　　　　　　)にある，約(18　　　　　　)年前の地層から発見されている。

	化石の年代	特　徴
サヘラントロプス・チャデンシス	約700万年前	最古の人類である。
(19　　　　　　)属	(20　　　　　　)〜200万年前	直立姿勢で(21　　　　　　)をしていた。

説明してみよう！ 思考

カヘイ石(ヌンムリテス)とは，どのような生物か。「海」を用いて，15字以内で説明せよ。

➡まとめ-1

10

練習問題 ・・・・・・・・・・・・・

学習日：　　月　　日／学習時間：　　分

知識

137. 古第三紀　古第三紀について述べた，次の(1)～(4)の文の下線部について，正しいものには○，誤っているものには正しい語句を記入せよ。

(1) 古第三紀の前半は寒冷で日本には温帯や亜熱帯の植物が生い茂った。
(2) ハ虫類のなかまであるコウモリは空へ，クジラは海へ進出した。
(3) 大型の有孔虫であるフズリナは，示準化石として用いられる。
(4) 古第三紀の後半は，気温が低下し氷河が形成された。

知識

138. 新第三紀　新第三紀の環境と生物について，以下の各問いに答えよ。

(1) 次の①～④の文の下線部について，正しいものには○，誤っているものには正しい語句を記入せよ。
　① 新第三紀の前半には，温暖で海水準の高い時期があった。
　② 温暖な浅い海には，二枚貝のなかまであるビカリアが生息した。
　③ 海辺には哺乳類のデスモスチルスが生息した。
　④ 新第三紀の中ごろには，温暖化が進み季節風が活発になった。

(2) 新第三紀の気候の変動は，どのような方法で明らかになったか。最も適切なものを１つ選べ。
　ア 広範囲に堆積したかぎ層(火山灰層)の研究
　イ ヒトやサルなど霊長類の進化に関する研究
　ウ 植物の花粉や葉，有孔虫の化石の研究
　エ ヒマラヤ山脈やチベット高原の地層の研究

知識

139. 人類の出現　次の各問いに答えよ。

(1) 最古の人類の化石が発見されたのは，次のうちのどこか。
　アメリカ　　オーストラリア　　アフリカ　　ヨーロッパ
(2) 約700万年前の地層から発見された最古の人類の名前を答えよ。
(3) アウストラロピテクス属の説明として，正しいものには○を，誤っているものには×を記入せよ。
　ア 400万年前には現れていたと考えられる。
　イ 直立姿勢で二足歩行をしていた。
　ウ 世界各地の地層から化石が発見されている。
　エ 約200万年前には姿を消した。

知識

140. 新生代の生物　次の(ア)～(ウ)の化石名を語群から選び答えよ。

(ア)

(イ)

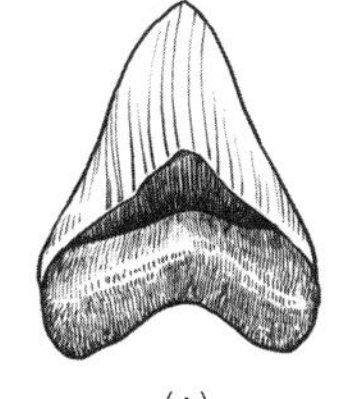

(ウ)

【語群】 ビカリア　デスモスチルスの歯　カルカロクレスの歯
三葉虫　カヘイ石

137	➡まとめ-1
(1)	
(2)	
(3)	
(4)	

138	➡まとめ-2
(1)①	
②	
③	
④	
(2)	

ヒント　植物の花粉は化石として残りやすく，過去の環境を調べる重要な手がかりになる。

139	➡まとめ-3
(1)	
(2)	
(3)ア	
イ	
ウ	
エ	

140	➡まとめ-1 2
(ア)	
(イ)	
(ウ)	

第5章 生物の変遷と地球環境

●教科書 p.170〜171

38 新生代②

学習のまとめ

1 第四紀（260万年前〜）

▶氷河時代

氷河や氷床が存在する時代を（1　　　　）という。第四紀は，寒冷な（2　　　　）と，温暖な（3　　　　）がくり返された時代である。

	氷期	間氷期
気候	寒冷	温暖
大陸の氷河の量	増えた	減った
海水準	（4　　　　）	（5　　　　）

ユーラシア大陸

北アメリカ大陸

約２万年前の氷床の分布

ワーク▶氷床に覆われた地域を赤で塗れ。

氷期の日本列島は，大陸と（6　　　　）になり，（7　　　　）など，多くの生物が日本列島に渡ってきた。

▶１万年前以降

最後の氷期が終わった約１万年前以降，現在とほぼ同じ（8　　　　）な気候が継続している。

約（9　　　　）年前ごろまでには，（10　　　　）が急激に上昇し，河川や海岸に沿う低地に海が広がった。その後，海水準が低下し，河川などが運ぶ（11　　　　）によって，海岸線は（12　　　　）へ移動した。

7　　　　の復元図

2 人類の進化

新第三紀	第四紀
700（万年前） 600 500 400 300	200 100

- （13　　　　）
- オロリン・ツゲネンシス
- アルディピテクス・ラミダス
- アウストラロピテクス・アファレンシス
- アウストラロピテクス・アフリカヌス
- （14　　　　）
- ホモ・エレクトス
- ホモ・ネアンデルターレンシス
- （15　　　　）

▶人類の特徴

現生の人類である（16　　　　）は，約20万年前に（17　　　　）で誕生したと考えられている。（18　　　　）で生活した人類は，歩行から解放された手を自由に使い，（19　　　　）を使用するようになった。

（20　　　　）が著しく発達して，（21　　　　）を生み出し，意思を伝達した。

説明してみよう！　思考

氷期に海水準が低下したのはなぜか。「陸上」と「海水」を用いて，20字以内で説明せよ。

→まとめ 1

									10										20

練習問題

学習日：　　月　　日／学習時間：　　分

知識

141. 第四紀　第四紀の環境に関する，次の文について，正しいものには○，誤っているものには×を記入せよ。

(1)　寒冷な氷期と温暖な間氷期が周期的にくり返されている。
(2)　間氷期の日本列島は，大陸と陸続きになっていた。
(3)　7000年前ごろまでには海水準が急激に上昇した。
(4)　最後の氷期は1万年前に終わったので，今後氷期が来ることはない。

141　➡まとめ 1

(1)
(2)
(3)
(4)

知識

142. 第四紀　次のグラフは，過去40万年間の気温と海水準の変化を表している。以下の各問いに答えよ。

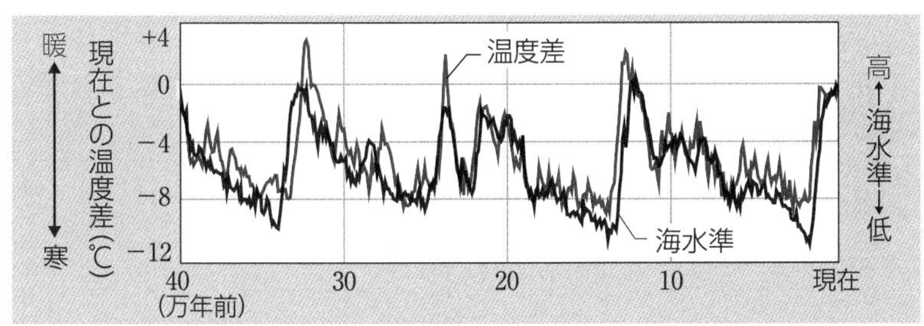

(1)　気温と海水準はどのような関係にあるか。正しいものを1つ選べ。
　ア　気温が上昇すると，海水準も上昇する。
　イ　気温が上昇すると，海水準は低下する。
　ウ　気温と海水準には関連性はない。
(2)　氷期と間氷期をくり返す周期はおよそ何年か。
(3)　現在の気候は，氷期と間氷期のいずれか。

142　➡まとめ 1

(1)
(2)
(3)

ヒント　気温と海水準の変動は，ほぼ連動している。

知識

143. 人類の進化　人類の進化に関する次の文の下線部について，正しいものには○を，誤っているものには正しい語句を記入せよ。

(1)　ホモ・サピエンスは約<u>50万年前</u>に誕生した。
(2)　ホモ・サピエンスが誕生した場所は，<u>アメリカ</u>である。
(3)　<u>言語</u>が生み出されると，それを使って考えたり，意思を伝達したりするようになった。
(4)　直立<u>四足歩行</u>によって，手が自由に使えるようになった。

143　➡まとめ 2

(1)
(2)
(3)
(4)

知識

144. 人類の進化　以下の各問いに答えよ。

(1)　次の人類を，古いものから新しいものへ登場した順に並べよ。

A 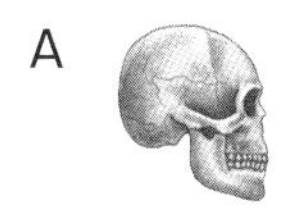
ホモ・サピエンス

 B 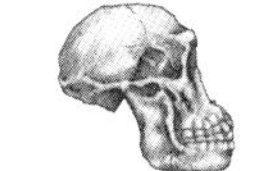
アウストラロピテクス・アフリカヌス

 C 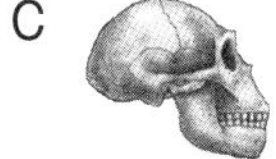
ホモ・エレクトス

(2)　次の文の空欄に適切な語句を答えよ。
　現生人類(ホモ・サピエンス)は，化石や(　ア　)などの研究から，20万年前の(　イ　)で誕生したと考えられている。

144　➡まとめ 2

(1)　　→　　→
(2)ア
イ

ヒント　人類は進化するにしたがって，脳の容積が大きくなった。

第5章　章末問題

学習日：　　月　　日／学習時間：　　分

知識

1 地層の形成と堆積岩　以下の各問いに答えよ。

問1　地層は下から上に順に積み重なっていくため，一連の地層では下の地層は，上の地層よりも古いものとなる。この法則を何というか。

問2　堆積物が固結して岩石に変わっていく作用を何というか。

問3　次の①～④の断面図における堆積構造の名称を答えよ。

①　②　③　④

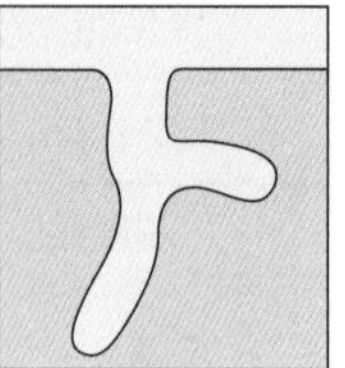

問4　次の各説明文にあてはまる堆積岩の名称を答えよ。

(1)　主に1 mm程度の粒径の砕屑物で構成された砕屑岩

(2)　火山灰が固まってできた火山砕屑岩

(3)　$CaCO_3$を主成分とする化学岩

(4)　放散虫の遺骸などが固まってできた生物岩

知識

2 地層の対比と同定　以下の各問いに答えよ。

問1　示準化石にふさわしい条件を①～④から1つ選べ。

①　生息していた期間は長く，広い範囲に分布していた化石

②　生息していた期間は長く，狭い範囲に分布していた化石

③　生息していた期間は短く，広い範囲に分布していた化石

④　生息していた期間は短く，狭い範囲に分布していた化石

問2　造礁サンゴの化石が示す環境として適切なものをすべて選べ。

①　浅い海　②　深い海　③　冷たい海　④　暖かい海

⑤　澄んだ海　⑥　濁った海

問3　岩石や鉱物の形成年代を数値で示したものを何というか。

思考

3 大気組成の変化　次の図は，40億年前から現在までの酸素と二酸化炭素の濃度の変化を表している。以下の各問いに答えよ。

問1　気体a，気体bは，それぞれ酸素と二酸化炭素のどちらか。

問2　気体aが太古代に減少している理由として，適切なものを1つ選べ。

ア　生物に吸収された。

イ　海洋に吸収された。

ウ　大気圏外に放出された。

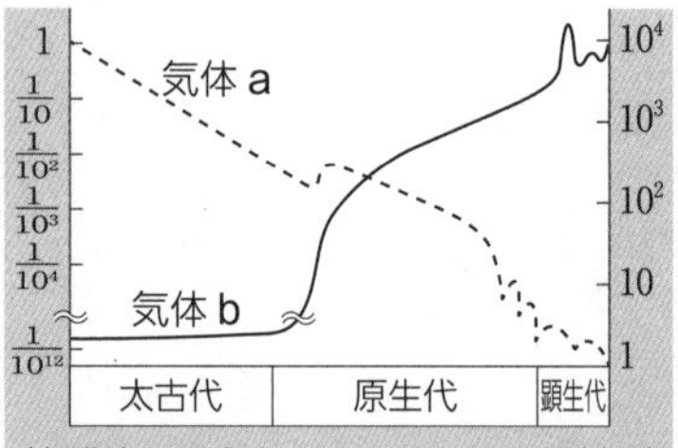

(各濃度は現在を1としたときの相対値)

問3　気体bが大きく増加したのは，生物のある働きによるものであるが，この働きを何というか。

問4　原生代に問3の働きをしていたと推定される微生物は何か。

1

問1
問2
問3 ①
②
③
④
問4 (1)
(2)
(3)
(4)

2

問1
問2
問3

3

問1 a
b
問2
問3
問4

知識

4 **先カンブリア時代と古生代**　次のア～カの説明文は，先カンブリア時代と古生代のどちらの時代にあてはまるか分類せよ。

ア　バージェス動物群の中には，かたい殻や強力な歯をもつものが存在していた。

イ　エディアカラ生物群の多くは，やわらかくて扁平な多細胞生物である。

ウ　酸化鉄を多量に含む縞状鉄鉱層が形成された。

エ　大規模な気候変動によって，複数回にわたる全球凍結がおきた。

オ　最初の脊椎動物が誕生した。

カ　動物が陸上に進出した。

知識

5 **地質時代の生物**　以下の各問いに答えよ。

問1　図の①～④の生物化石の名前と，最も栄えた時代をそれぞれ選べ。

①

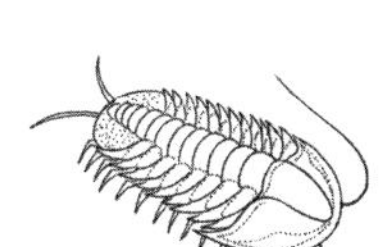

②

③

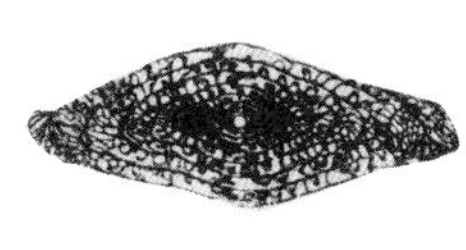

④

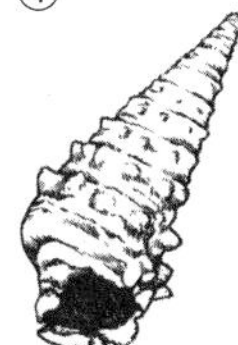

【名前】　三葉虫　　フズリナ　　アンモナイト　　ビカリア

【時代】　ア　古生代　　イ　中生代　　ウ　新生代

問2　K/Pg 境界絶滅で絶滅した生物を図の①～④から選べ。

問3　シルル紀の地層から見つかった最古の陸上植物の名前を答えよ。

知識

6 **中生代と新生代**　次の図は，地質時代の中生代～新生代を主に示したものである。以下の各問いに答えよ。

古生代	中生代			新生代		
	(①)紀	(②)紀	(③)紀	古第三紀	新第三紀	第四紀

(④)年前　　(⑤)年前　　現在

問1　図の①～⑤にあてはまる語句および数値を答えよ。

問2　中生代の主な出来事ア～ウを，古いものから新しいものへ年代順に並べよ。

ア　隕石の衝突などによって環境が激変し，多くの生物が絶滅した。

イ　超大陸パンゲアの分裂が始まった。

ウ　恐竜から鳥類に進化するものが現れた。

問3　最古の人類の化石は，アフリカで発見されたサヘラントロプス・チャデンシスである。これは何紀の地層から発見されたものか答えよ。

問4　第四紀の気候の特徴として適切なものを1つ選べ。

ア　気候が寒冷化し，全球凍結がおきた。

イ　寒冷な氷期と温暖な間氷期が，くり返しおとずれた。

ウ　温暖な気候が長く続き，石油のもとが蓄積された。

4

先カンブリア時代
古生代

5

	名前	時代
問1 ①		
②		
③		
④		
問2		
問3		

6

問1 ①
②
③
④
⑤
問2　→　→
問3
問4

第5章 ● 宇宙と地球

●教科書 p.178〜181

39 気候変動／地球温暖化による変化

学習のまとめ

1 気候の変動

地球の気温は，(1　　　　)活動だけでなく，温室効果ガスや(2　　　　)などの影響を受ける。

2 気温の変化

世界の平均気温の(3　　　　)な上昇傾向を(4　　　　)とよぶ。特に，(5　　　　)年代以降は，上昇傾向がさらに強まっている。

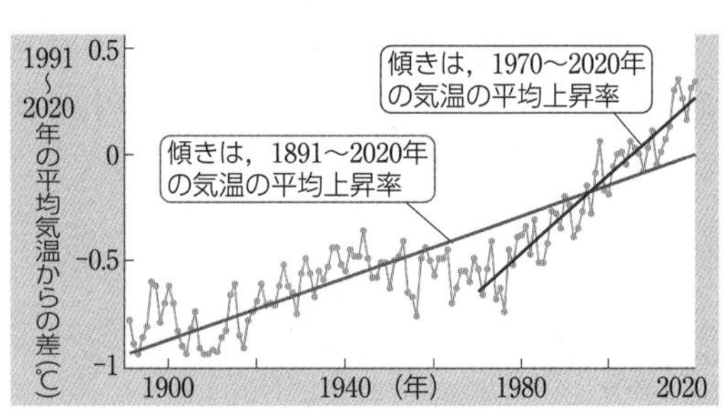

地球温暖化と二酸化炭素

人間活動に伴って放出される温室効果ガスは，(6　　　　)が最も多く，(7　　　　)の消費が増大するとともに増えていった。

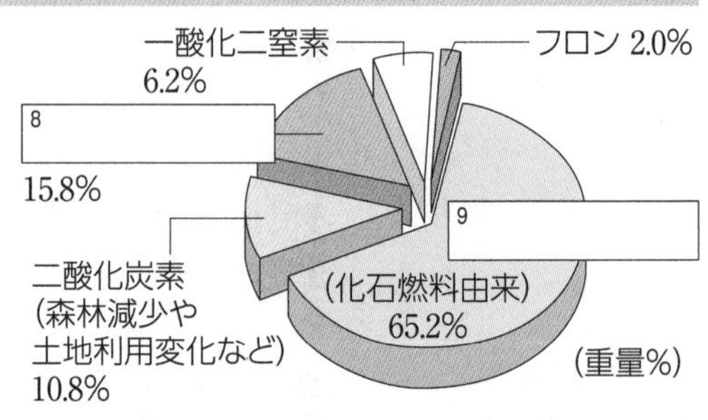

3 気候変動の予測

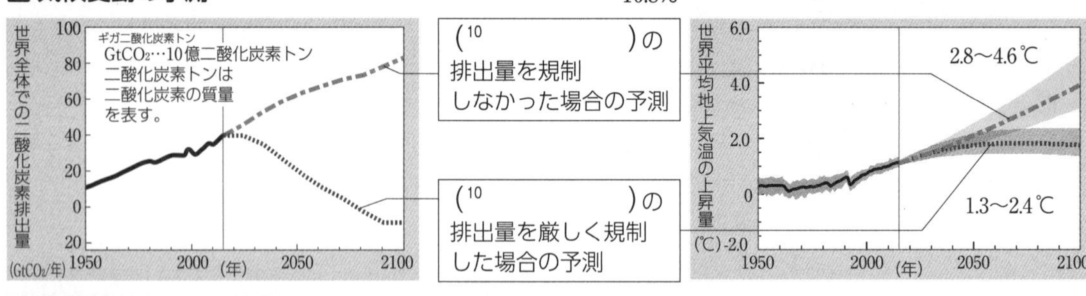

4 地球温暖化による影響

極地方の変化	氷や雪の地域が減少すると，多くの(11　　　　)を吸収するようになり，温められた地表は，氷や雪をとかし，さらに(12　　　　)を進行させる。
海洋の変化	海面水温の上昇による海水の(13　　　　)と，極地方の(14　　　　)や山岳氷河の融解の増加などによる，海面水位の(15　　　　)が確認されている。
極端気象の増加	(16　　　　)による大きな被害や，干ばつの多発など，まれにしか起こらなかった気象現象が，近年，頻発している。巨大なハリケーンや(17　　　　)，豪雨なども増加している。

5 地球温暖化防止への取り組み

2015年のパリ会議では，(18　　　　)の排出削減に取り組む「パリ協定」に，すべての参加国が合意し，世界の平均気温の上昇を，産業革命前から(19　　　　)℃未満に抑えることを目指している。

説明してみよう！ 思考

地球温暖化とは，どのようなことか。「長期的」を用いて，20字以内で説明せよ。

➡まとめ 2

学習日：　　月　　日／学習時間：　　分

知識

145. 気温の変化　次の文の空欄にあてはまる語句を，語群から選べ。

地球大気の過去の気温変化を調べると，温暖な時期と寒冷な時期をくり返している。地球の気温は，黒点の増減などに代表される（　1　），人間の産業活動によって排出される二酸化炭素などの（　2　），火山活動などに伴う固体微粒子の（　3　）などの影響を受ける。

（　2　）は産業が盛んになるとともに，（　4　）を続けてきた。

【語群】　太陽活動　　エーロゾル　　増加　　減少　　温室効果ガス

145　➡まとめ 1 2

(1)

(2)

(3)

(4)

思考

146. 地球温暖化と二酸化炭素　二酸化炭素に関連する次のグラフを見て，以下の各問いに答えよ。

(1) 次のア，イは，図のA，Bのいずれにあたるか。

ア　大気中の二酸化炭素濃度

イ　化石燃料の燃焼による二酸化炭素排出量

(2) 図のCのころにおきた，二酸化炭素排出量の増加につながる歴史上の出来事は何か。

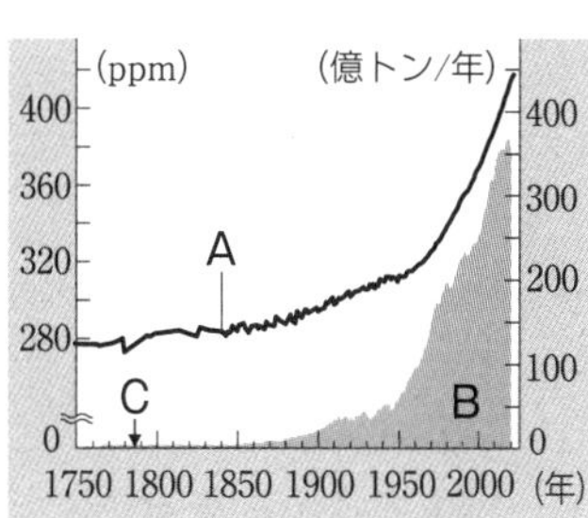

146　➡まとめ 2

(1) A

B

(2)

ヒント　人間生活に伴う二酸化炭素の排出は，主に化石燃料の燃焼によるものである。

知識

147. 地球温暖化　次の文の下線部について，正しいものには○を，誤っているものには，正しい語句を記入せよ。

(1) 温室効果ガスの排出量を規制しなかった場合，気温は<u>低下</u>すると予測されている。

(2) 人間の活動によって排出された温室効果ガスのうち，最も多いのは，<u>メタン</u>である。

(3) 1970年代以降，温暖化による気温上昇の割合が<u>大きく</u>なっている。

147　➡まとめ 2 3

(1)

(2)

(3)

知識

148. 地球温暖化の影響　地球温暖化の影響について述べた文として，正しいものをすべて選べ。

ア　海面の上昇は，すべて南極の氷床や山岳氷河の融解によってもたらされる。

イ　地球温暖化がこのまま進むと，2100年には海面が約5m上昇する。

ウ　地球温暖化によって，強いハリケーンや台風は増加傾向にある。

エ　極地方は，ほかの地方に比べ地球温暖化の影響が現れやすい。

148　➡まとめ 4

知識

149. 地球温暖化防止への取り組み　〔　〕内から適当な語句を選べ。

地球温暖化は，〔ア 19世紀，20世紀〕末から地球全体の環境問題として取り上げられるようになった。すでに，南極やグリーンランドでは氷床の〔イ 増加，減少〕が著しく，2015年には，温室効果ガスの排出削減に取り組む「パリ協定」に196か国が合意し，世界の平均気温の〔ウ 上昇，低下〕を産業革命前から2℃未満に抑えることを目指している。

149　➡まとめ 4 5

ア

イ

ウ

第6章 地球の環境

40 オゾン層の変化

学習のまとめ

1 オゾンホール

オゾン層は，太陽からの有害な([1]　　　　)を吸収し，生物が生存しやすい環境を保っている。

しかし，近年，毎年10月ごろになると，([2]　　　　)上空にオゾンの量の少ない部分が発生するようになった。この現象は，([3]　　　　)とよばれている。

オゾンホールは，年々拡大していることから，([4]　　　　)や動植物への影響が懸念されてきた。

2 オゾン層の破壊

オゾンは，([5]　　　　)などによって分解される。フロンは，かつて電子部品の洗浄剤，エアコンや冷蔵庫の冷媒として広く使われてきた。

▶オゾン層破壊のしくみ

①大気中に放出されたフロンは，([6]　　　　)に達し，([7]　　　　)の作用で([8]　　　　)原子を生じる。

②([9]　　　　)原子がオゾン層の([10]　　　　)を分解し，一酸化塩素になる。

③一酸化塩素は，([11]　　　　)原子と反応し，再び([12]　　　　)原子を生じる。

この反応が連鎖的にくり返され，オゾン層が破壊されていく。

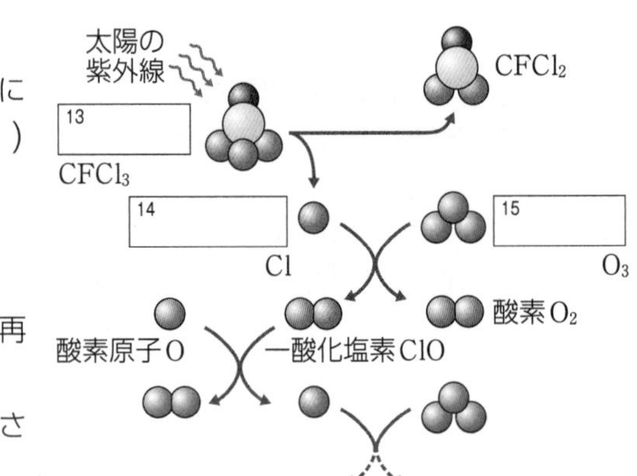

3 オゾン層の保護

世界全体で取り組むべき課題として，1987年に「オゾン層を破壊する物質に関する([16]　　　　)議定書」が採択され，オゾン層を([17]　　　　)する物質の製造や使用が規制されている。

国際的な取り組みが実を結び，南極上空のオゾンホールの面積は，2000年以降，([18]　　　　)傾向を示している。

4 広域大気汚染

([19]　　　　)	タクラマカン砂漠やゴビ砂漠の砂の粒子が([20]　　　　)にのって，東に移動してきたもの。 自然現象によるものだけでなく，過耕作などの([21]　　　　)的要因にもとづく([22]　　　　)の広がりも関係する。
([23]　　　　)	大気中に浮遊する，直径約 2.5 μm 以下の微粒子。 黄砂起源のものや([24]　　　　)の燃焼に伴って発生するものがある。
([25]　　　　)	近年，世界各地で頻発し，煙に含まれる大気汚染物質や PM2.5 が，広域的な健康被害をもたらす原因となることもある。

説明してみよう！ 思考

オゾン層は，何によって破壊されるか。「成層圏」を用いて，25字以内で説明せよ。

➡まとめ 2

知識

☑ **150. オゾン層の破壊** 成層圏に達したフロンが，オゾンを破壊する反応の流れとして，正しい順に並べよ。

ア 紫外線の作用によって，フロンから塩素原子が生じる。

イ 一酸化塩素が，酸素原子と反応し，酸素と塩素原子を生じる。

ウ 塩素原子がオゾンを分解し，一酸化塩素が生じる。

150 ➡まとめ 2

→　→

知識

☑ **151. オゾン層の破壊とオゾン層の保護** 以下の各問いに答えよ。

(1) 次のア～エの文の下線部について，正しいものには○を，誤っているものには，正しい語句を記入せよ。

ア 1980年代に入ってから，南極でオゾンホールが観測され始めた。

イ オゾン層は，太陽からの有害な赤外線の大部分を吸収している。

ウ オゾンは，メタンが原因となって分解される。

エ 現在，オゾン層を破壊する物質の製造や使用が規制されている。

(2) 次のグラフは，南極上空のオゾンホールの各年の最大面積を表している。グラフから読み取れることとして，最も適切なものを選べ。

① オゾンホールの面積は，1980～1990年と2010～2020年で変わらない。

② オゾンホールの面積は，2000年以降，減少傾向が見られる。

③ オゾンホールは，現在も拡大し続けている。

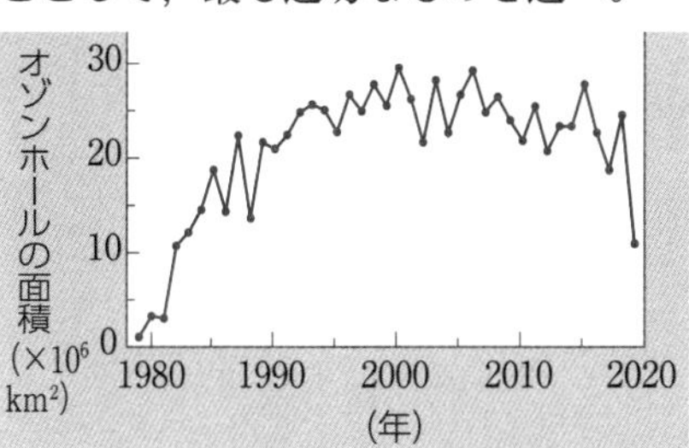

151 ➡まとめ 1 2 3

(1)ア
イ
ウ
エ
(2)

知識

☑ **152. 大気に関連する環境問題** 次の文章を読み，以下の問いに答えよ。

大気は国境を越えて移動するため，その影響が遠方まで及ぶ場合がある。タクラマカン砂漠やゴビ砂漠では，春に発生する低気圧によって，砂漠の粒子が巻き上げられる。

これが，（　A　）にのって東へ移動してきたものを（　B　）という。

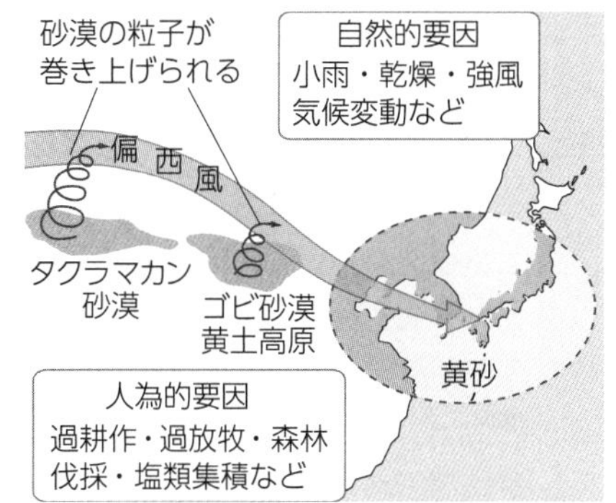

(1) 文章中の空欄にあてはまる語句を，語群から選び答えよ。

【語群】 PM2.5　酸性雨　黄砂　貿易風　偏西風

(2) この現象が環境に影響を及ぼす理由として，最も適切なものを選べ。

ア 直径2.5μm以下の微粒子だけで構成されているから。

イ 高温の流れとなって農作物に被害を出すことがあるから。

ウ 酸性雨の原因となる大気汚染物質が付着している場合があるから。

エ 成層圏でオゾンを分解するから。

152 ➡まとめ 4

(1)A
B
(2)

第6章 ● 地球の環境

41 自然の恩恵／季節の変化

●教科書 p.186〜189

学習のまとめ

1 美しい自然景観／自然エネルギーの利用

日本は，周囲を(1　　　　　　)に囲まれ，多様な自然に恵まれている。これらがつくる美しい自然景観は，(2　　　　　　)として利用されている。

自然エネルギーは，(3　　　　　　)の心配がなく，二酸化炭素などの(4　　　　　　)を排出しにくい。しかし，コストが高くなることや，(5　　　　　　)が難しいことなど，課題が残る。

2 日本の資源

- **豊かな水**　大量の降水は，多様な水環境をつくり，豊かな(6　　　　　　)をもたらしている。
- **地下資源**　かつての日本には，世界有数の(7　　　　　　)が存在していた。その多くは閉山したが，セメントの原料となる(8　　　　　　)は，現在でも自給率100%を誇る資源である。

  近年，日本近海の海底では，氷の結晶中にメタン分子が取り込まれた(9　　　　　　)や天然ガス，電子機器に使われる金属である(10　　　　　　)などの存在が確認されている。

3 気団／四季の天気の移り変わり

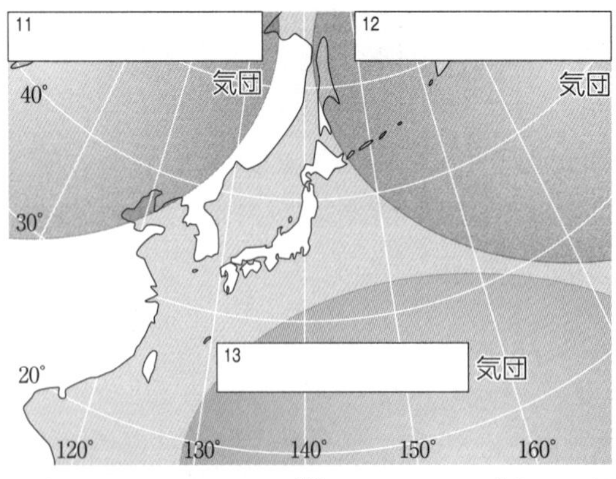

	特　徴	季節	対応する高気圧
シベリア気団	寒冷・乾燥	14	15
オホーツク海気団	16	梅雨 秋	17
小笠原気団	18	19	太平洋高気圧

- **冬**…冷たく乾燥した(20　　　　　　)気団が勢力を増す。日本の東の海上に低気圧が発達すると，等圧線は南北に伸びて並び，(21　　　　　　)の冬型の気圧配置になる。日本海で大量の水蒸気を含む雲が発達すると，日本海側に(22　　　　　　)をもたらすことがある。
- **春**… 4〜5月にかけて，(23　　　　　　)と温帯低気圧が日本付近を交互に通過する。そのため，天気は(24　　　　　　)に変化する。
- **梅雨**…冷たく湿った(25　　　　　　)気団と南の海上の暖かく湿った(26　　　　　　)気団の勢力が増す。その境界に(27　　　　　　)が形成され，日本付近に停滞する。
- **夏**…小笠原気団が日本を覆い，(28　　　　　　)となり，晴天が続く。
- **秋**…小笠原気団の勢力が衰え，寒気団が南下してくると，その境界に(29　　　　　　)が形成され，日本付近に停滞する。また，(30　　　　　　)が日本に接近して，暖かく湿った空気が秋雨前線に供給されると，激しい雨をもたらすことがある。

説明してみよう！　思考

自然エネルギーにはどのような利点があるか。「枯渇」と「排出」を用いて，25字以内で説明せよ。

→まとめ 1

10　20

練習問題

学習日：　　月　　日／学習時間：　　分

知識

153. 自然エネルギーの利用

次の説明文ア～エのうち，正しいものをすべて答えよ。

ア　自然エネルギーは枯渇の心配がない。
イ　自然エネルギーは，安定供給をすることが容易である。
ウ　太陽光や地熱などは，エネルギー資源としても利用されている。
エ　自然エネルギーは，二酸化炭素の排出量が化石燃料よりも多い。

153 → まとめ-1

思考

154. 水資源

各地の降水量を表す次の図を見て，以下の問いに答えよ。

(1)　日本全体の降水量が多いのは，１月と７月のどちらか。

(2)　日本の降水の説明として，最も適切なものを１つ選べ。

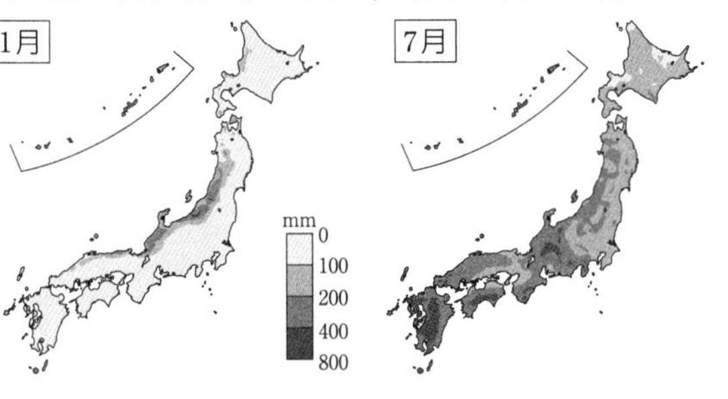

ア　１月の日本海側の降水には，太平洋高気圧が関係している。
イ　九州で７月に降水量が多いのは，梅雨前線の活動が関係している。
ウ　１月の降水量が７月の降水量を上回る地点はない。

154 → まとめ-2 3

154
(1)
(2)

ヒント　降水量の違いは，その地域の気候風土と関係が深い。

知識

155. 地下資源

次の(1)～(3)の文の下線部について，正しいものには○を，誤っているものには，正しい語句を記入せよ。

(1)　セメントの原料となる石灰岩は，自給率<u>100％</u>を誇る資源である。
(2)　日本近海の海底では，氷の結晶中にメタン分子が取り込まれた構造をした<u>メタンハイドレート</u>が確認されている。
(3)　かつて日本には，世界有数の鉱山が存在し，<u>石油</u>も豊富に産出した。

155 → まとめ-2

155
(1)
(2)
(3)

思考

156. 四季の天気の移り変わり

下の日本の天気図に関連する季節をア～エから，その説明文をａ～ｄからそれぞれ選べ。

ア　冬　　イ　春　　ウ　梅雨　　エ　夏

ａ　太平洋高気圧が日本付近を広く覆い，蒸し暑い晴天が続く。
ｂ　移動性高気圧と温帯低気圧が日本付近を交互に通過するため，天気は周期的に変化する。
ｃ　大陸でシベリア高気圧，東の海上で温帯低気圧が発達し，北西の季節風が吹く。
ｄ　オホーツク海高気圧と太平洋高気圧の間に前線が形成され，長雨となる。

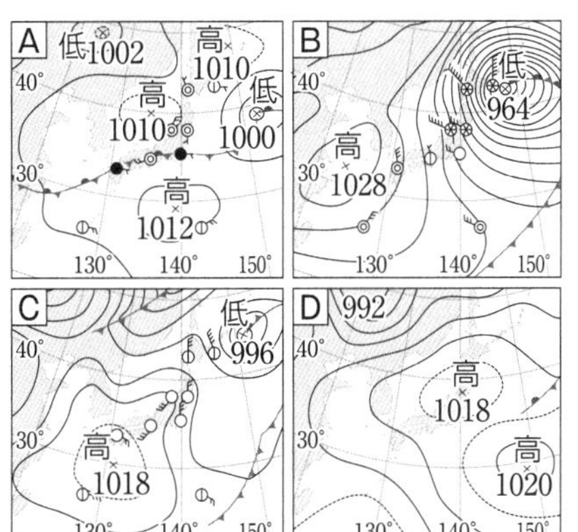

156 → まとめ-3

156	季節	説明
A		
B		
C		
D		

ヒント　冬は西高東低の気圧配置，梅雨は梅雨前線に着目する。

第6章　地球の環境

●教科書 p.190〜193

42 気象災害①／気象災害②

学習のまとめ

1 気象災害

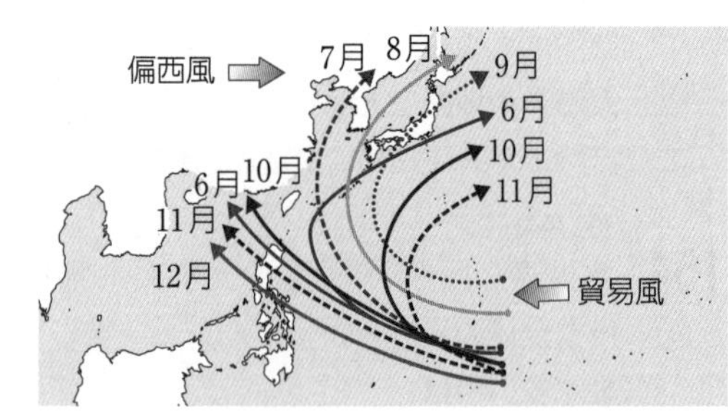

▶**集中豪雨**…同じ場所に，数時間以上にわたって大量の雨が降る現象を(1　　　　　　)という。この現象は，(2　　　　　　)に湿った空気が流れ込むなどし，(3　　　　　　)が同じ場所で次々と発生・発達・通過をくり返すことによっておこる。

▶**台風**…(4　　　　　　)地域の海上で発生する。夏から(5　　　　　　)にかけて日本に接近・上陸し，(6　　　　　　)や豪雨による被害を引きおこす。また，通常よりも海面の水位が上昇する(7　　　　　　)が生じやすく，沿岸部の浸水被害に警戒が必要である。

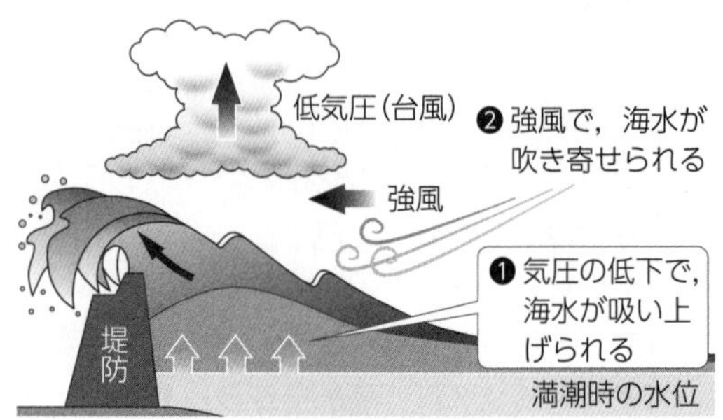

▶**竜巻**…積乱雲に伴う強い(8　　　　　　)によって発生する激しい渦巻き。非常に強い風で，建造物が倒壊することもある。

2 土砂災害

急傾斜が多い地域に激しい雨が降ると，(9　　　　　　)が発生しやすい。土砂災害の多くは，(10　　　　　　)によって発生する。

土砂災害の発生件数は，地震・火山災害よりもはるかに多く，(11　　　　　　)傾向にある。

▶**土砂災害の種類**

(12　　　　　　)	土砂や岩石が急斜面を一気に(13　　　　　　)現象。集中豪雨や地震によって，発生している。
(14　　　　　　)	斜面の広い範囲で，大量の土砂や岩石がすべりながら(15　　　　　　)する現象。上部には，弧状の急ながけと階段状の傾斜面が形成される。
(16　　　　　　)	集中豪雨で，谷川の源流付近から岩石を含む(17　　　　　　)が流れ出し，土砂や岩石を巻き込みながら，20〜40 km/h の高速で流れ下る現象。

3 気象災害への対策

(18　　　　　　)	被災が想定される区域や(19　　　　　　)・避難経路などを示した地図。居住地域の災害の可能性を把握することができる。
(20　　　　　　)	リアルタイムの(21　　　　　　)から，急な豪雨などを予測したり，河川の水位の観測データから河川の氾濫の予測をしたりしている。

気象庁や地方自治体などは，こうした気象観測データを総合して，(22　　　　　　)，気象警報・注意報，土砂災害警戒情報などを発表し，防災に役立てている。

説明してみよう!　思考

高潮とはどのような現象か。「水位」を用いて，20字以内で説明せよ。

➡まとめ 1

									10										20

学習日：　　月　　日／学習時間：　　分

157. 集中豪雨

図をもとに，文章中の空欄に適する語句を語群から選べ。

同じ場所に大量の激しい雨が数時間にわたって降る現象を（　1　）という。1日の降水量が400mmを超えるような大雨は毎年発生しているが，その発生回数は年によって変動が（　2　）。しかし，日本で発生するこのような大雨の回数は，近年，（　3　）にある。

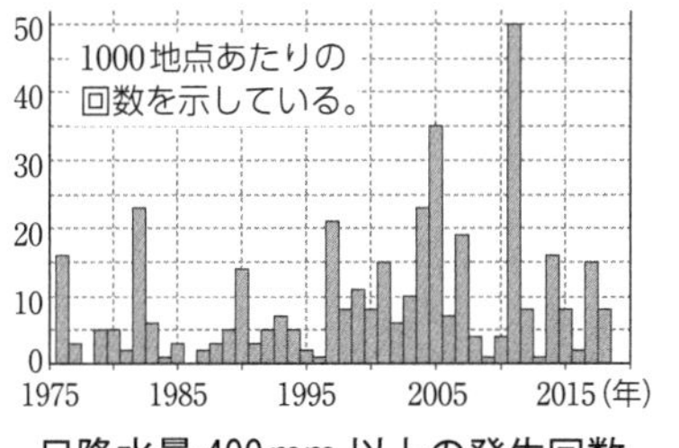

日降水量400mm以上の発生回数

【語群】　土砂災害　集中豪雨　洪水　大きい　小さい　増加傾向　減少傾向

157 ➡まとめ-1

(1)

(2)

(3)

ヒント　大雨の回数は年によって変動があるが，全体の傾向としては増加している。

158. 台風

次の(1)〜(4)の文の下線部について，正しいものには○を，誤っているものには，正しい語句を記入せよ。

(1)　台風は<u>温帯地域</u>で発生する。

(2)　台風は，強風と大量の<u>雪</u>によって大きな被害をもたらす。

(3)　台風の接近によって，海岸付近では<u>引き潮</u>が発生することがある。

(4)　台風は，初めは貿易風で西に進み，やがて<u>偏西風</u>で東へ進むようになる。

158 ➡まとめ-1

(1)

(2)

(3)

(4)

159. 土砂災害

次の(1)〜(3)の文が示す現象名を答え，該当する図も選べ。

(1)　急斜面において，土砂や岩石が一気に崩れ落ちる現象。

(2)　斜面の広い範囲で，大量の土砂や岩石がすべりながら移動する現象。

(3)　谷川の源流付近から岩石を含む泥水が流れ出し，谷底に堆積している土砂や岩石を巻き込みながら，高速で流れ下る現象。

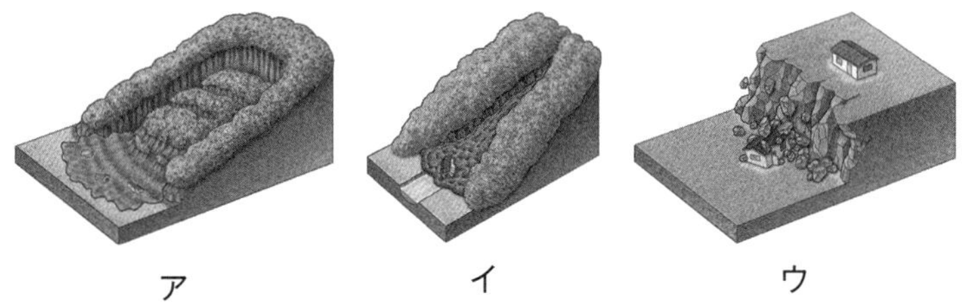

ア　　イ　　ウ

159 ➡まとめ-2

(1)

図

(2)

図

(3)

図

160. 気象災害への対策

次のア〜エのうち，正しいものをすべて選べ。

ア　自分の住む地域で，どのような土砂災害がおこる可能性があるのかを，あらかじめ理解しておくことが大切である。

イ　ハザードマップを見ると，災害発生の時期を予測することができる。

ウ　土砂災害は大雨だけでなく，地震によって発生することもある。

エ　河川の水位の観測データから，リアルタイムの降水量がわかる。

160 ➡まとめ-3

ヒント　ハザードマップは，被災が想定される区域や避難場所・避難経路などが示された地図である。

43 地震災害／地震による被害の軽減

●教科書 p.194〜197

学習のまとめ

1 地震動に伴う被害

▶地震動の特徴

・地震動は，震源距離が近いほど（1　　　　　）い。

・地震波は，（2　　　　　）い地盤から（3　　　　　）い地盤へ伝わると周期が長くなり，振幅も（4　　　　　）くなるので，表層の地盤の性質によっては，被害に差を生じることがある。

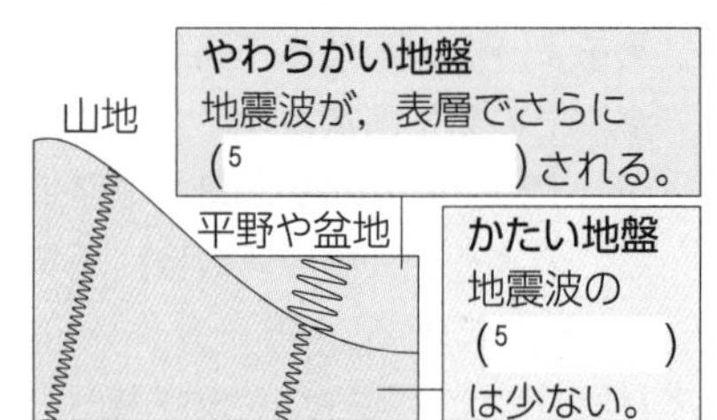

▶地震動に伴う被害

建造物の倒壊	地震動の（6　　　　　）と，建造物がもつ固有の周期が一致すると，揺れが激しくなる。
（7　　　　　）	水を多く含む砂の層が，泥水のように流動化し，地盤の支持を失って，建造物が倒壊したり，護岸が崩壊したりする。
（8　　　　　）やインフラの断絶	電気やガス，水道，交通や通信などが破壊され，人口や産業が集中した都市では，生活や経済活動に多大な影響を及ぼす。

2 津波による被害

・海底の地盤の（9　　　　　）や沈降により，海水全体が動くことで津波が生じる。

・津波は（10　　　　　）と周期が長い波で，伝わる速度は水深が深いほど速い。

11 km　24 km　214 km　10 m　50 m　4000 m

ワーク▶津波の波形を赤でなぞり，海水の部分を青で塗れ。

3 過去の地震

・過去の地震は，地震計や被害の記録の調査や，（11　　　　　）の調査，地質調査などによって，揺れの強さや（12　　　　　）の特徴，地震の発生年代や津波の規模などがわかる。

▶過去の大きな地震

関東地震　関東大震災 1923年９月１日 $M7.9$	約10万人とされる犠牲者の大半は，木造住宅を中心に燃え広がった（13　　　　　）によるものと推測されている。
兵庫県南部地震 （14　　　　　）大震災 1995年１月17日 $M7.3$	犠牲者の大部分は，建造物の（15　　　　　）や家具の転倒によるものであった。この地震のあと，法律が改定され，建造物の（16　　　　　）が見直された。
東北地方太平洋沖地震 （17　　　　　）大震災 2011年３月11日 $M9.0$	日本の観測史上最大の地震。巨大な（18　　　　　）が発生し，沿岸部を中心に甚大な被害をもたらした。約２万人の犠牲者のほとんどが，発生した津波によるものだった。

4 地震災害への対策

（19　　　　　）によって，地震の規模や到達時間に関する情報を事前に知ることができる。

説明してみよう！　思考

兵庫県南部地震で多くの被害者が出た主な理由は何か。20字以内で説明せよ。

➡まとめ 3

（解答欄 10　20）

練習問題

学習日：　　月　　日／学習時間：　　分

知識

161. 地震による被害　次の各問いに答えよ。

(1) 文章中の〔　〕内の語句から，適当なものを選んで記入せよ。

地震動は一般に，震源や震源断層からの距離が〔ア遠い，近い〕ほど強く，〔イかたい，やわらかい〕地盤で揺れが大きくなる傾向にある。そのため，直下型地震が発生すると，被害が〔ウ大きく，小さく〕なる。

また，建造物には振動しやすい固有の周期があり，その周期と地震動の周期が一致すると，揺れが〔エ穏やかに，激しく〕なる。

(2) 図のように，地震動の影響で，砂粒子が水に浮いた状態となり，水を多く含む砂の層が，泥水のように流動する現象を何というか。

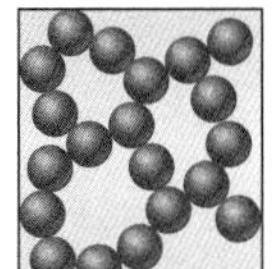
地震発生

161　→まとめ 1

(1)ア
イ
ウ
エ
(2)

ヒント　やわらかい地盤の地域ほど，地震の揺れは大きくなる。

知識

162. 津波　次の(1)～(3)の文が正しければ○を，誤っていれば×を記入せよ。

(1) 通常の波と津波の違いは，通常の波が海面付近の水だけが動くのに対し，津波は海面から海底までの海水全体が動くことである。

(2) 津波の速度は，水深にほぼ反比例し，水深が浅くなるほど速くなる。

(3) 奥の方ほど幅が狭くなる入江では，その地形の影響で津波の波高が低くなる。

162　→まとめ 2

(1)
(2)
(3)

知識

163. 過去の地震　次の文章中の下線部a～dの語句が正しければ○を，誤っていれば正しい語句を記入せよ。

地震計がない時代の地震は，a古文書などの記録から地震の発生した年や災害の特徴がわかり，震度やマグニチュードも推定できる。また，地層や岩石に残された断層を調べることで，地震のb発生年代や規模もわかる。

過去の地震の中でも，1995年1月に発生し，神戸市を中心に大きな被害をもたらしたc関東地震では，犠牲者は6千人を上まわり，その大部分は，建造物の倒壊や家具の転倒によるものであった。この被災経験を活かし，こうした地震災害を減らすため，法律が改定され，建造物のd耐震基準が見直され，家具の転倒防止などの地震対策も広まった。

163　→まとめ 3

a
b
c
d

知識

164. 地震災害への対策　次の各問いに答えよ。

(1) 地震による地表での揺れの強さは，地盤の性質によっても変わる。一般に，揺れが強くなるのは，山地と平野部のどちらか。

(2) 地震発生直後にP波の観測データを解析し，S波が到達する前に地震を通知するしくみを何というか。

(3) 津波への対策として適当ではないものを，次のア～ウから1つ選べ。

ア　防潮堤の建設　　イ　ダムの建設　　ウ　避難路の整備

164　→まとめ 1 4

(1)
(2)
(3)

第6章　地球の環境

●教科書 p.198～199

44 火山災害と防災

学習のまとめ

1 火山の噴火による被害

▶噴火に伴うさまざまな現象

(1　　　　　　)の降下	大きなものは近くに落下し，火山灰は風に流されて風下側に降下する。屋根に積もって家屋を倒壊させたり，農地に被害をもたらしたりする。
(2　　　　　　)	比較的速度が遅く，植物や建造物を燃やしながら埋めていく。
(3　　　　　　)	速度 100 km/h を超える場合があり，規模が大きいと広範囲に被害を及ぼす。
(4　　　　　　)	堆積した火山砕屑物に，降雨や(5　　　　　　)がとけた水が加わると発生する。大きな破壊力をもち，高速で谷すじに沿って遠くまで流れる。
(6　　　　　　)	火山が大崩壊をおこし，膨大な量の土砂と岩石が高速で流下する現象。海に流れ込み，(7　　　　　　)を引きおこすこともある。

▶噴火と気候

大規模な噴火では，(8　　　　　　)や火山ガスが成層圏に達して太陽光を遮り，世界的に(9　　　　　　)が低下する場合がある。ピナツボ火山の噴火(1991年)は，翌年と翌々年の気温低下をもたらしたと考えられている。

噴煙
10
11

噴火によって発生する現象
茶 火山泥流　赤 溶岩流　灰 火砕流

ワーク ▶それぞれ指定された色で塗れ。

2 火山災害への対策

・古文書や(12　　　　　　)の調査から得られた過去の噴火の特徴や規模，発生間隔などの情報は，(13　　　　　　)の作成などに利用されている。

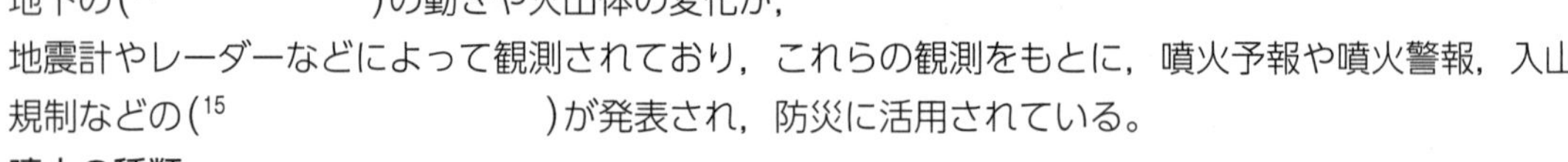

・地下の(14　　　　　　)の動きや火山体の変化が，地震計やレーダーなどによって観測されており，これらの観測をもとに，噴火予報や噴火警報，入山規制などの(15　　　　　　)が発表され，防災に活用されている。

▶噴火の種類

マグマと水(地下水や海水)との関係によって，次の 3 つに大別される。

(16　　　　　　)	上昇してきたマグマの熱によって，地下水が高温・高圧の(17　　　　　　)となり，地表近くの岩石を噴き飛ばす爆発的な噴火。
マグマ水蒸気爆発	地下水や海水とマグマが直接(18　　　　　　)・混合することで，大量の水蒸気が発生しておこる爆発的な噴火。
マグマ噴火	上昇してきたマグマが直接(19　　　　　　)に噴出する噴火。

マグマの上昇に伴って，水蒸気爆発→マグマ水蒸気爆発→マグマ噴火へと推移することがある。

説明してみよう！ 思考

火山から放出された火山灰は，どのような方向に降下するか。「風」を用いて，20字以内で説明せよ。

→まとめ 1

(10)　(20)

知識

☑ **165. 火山の噴火** 次の(1)～(3)の文は，火山噴火に伴って発生する現象について述べたものである。それぞれの現象名を答えよ。

(1) 降雨や噴火の熱による融雪によって，火山砕屑物に水が混じり，濁流となって流れ下る現象。

(2) 地下水がマグマに熱せられてできた高圧の水蒸気が，周囲の岩石を爆発的に噴き飛ばす現象。

(3) 不安定な火山が崩壊して，膨大な量の土砂と岩石が高速で広範囲に流下する現象。

165 ➡まとめ 1

(1)
(2)
(3)

知識

☑ **166. 火山の災害** 次の(1)～(3)の文の下線部について，正しければ○を，誤っていれば正しい語句を記入せよ。

(1) 大規模な火山噴火では，火山噴出物が成層圏まで達し，長い間浮遊することで，世界的な気温上昇をもたらす。

(2) 大量の火山礫や火山灰が噴出すると，屋根や農地に積もって，家屋を倒壊させたり，農地として使えなくしたりする被害がおこる。

(3) 火山の崩壊などで岩なだれが発生し，その土砂が海に流れ込むことで，水蒸気爆発が発生する場合がある。

166 ➡まとめ 1

(1)
(2)
(3)

知識

☑ **167. 火山噴出物** 次の各問いに答えよ。

(1) 火山の噴火によって放出された火山礫や火山灰は，上空の風に流され降下する。このとき，風上と風下のどちら側に降下するか。

(2) 大規模な火山の噴火では，火山灰や火山ガスの一部が微粒子となって長期間浮遊する。この微粒子を一般に何というか。

167 ➡まとめ 1

(1)
(2)

知識

☑ **168. 火山災害への対策** 次の図は，火山の観測などで得られた情報の，防災への活用について示している。図中の空欄に適する語句を，語群から選べ。

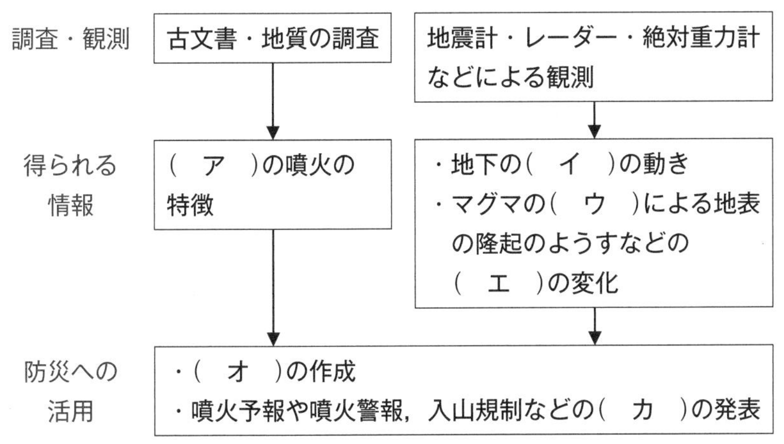

【語群】 マグマ　過去　貫入　ハザードマップ　火山体　噴火警戒レベル

168 ➡まとめ 2

ア
イ
ウ
エ
オ
カ

第6章 地球の環境

第6章 章末問題

学習日：　　月　　日／学習時間：　　分

知識

1 気候変動 次の文章を読み，以下の各問いに答えよ。

図1は，過去約130年間の世界の平均気温の変化を示している。このような変化には，人間の活動による温室効果ガスの排出が関係していると考えられている。

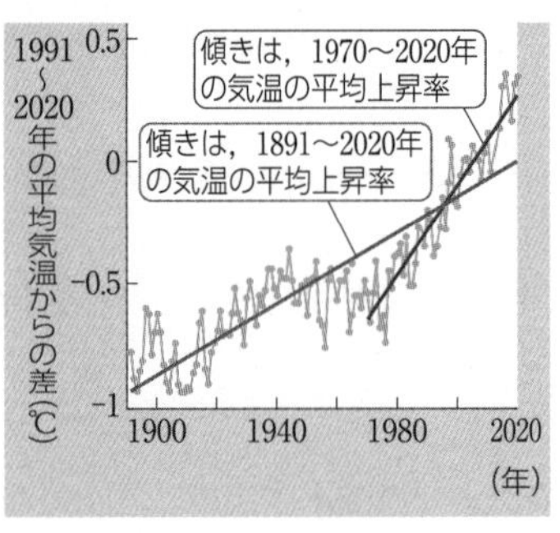

図1

問1 図1で示されるような，世界の平均気温の長期的な上昇傾向を何とよぶか。

問2 人間の活動によって排出される温室効果ガスのうち，最も多いものは何か。

問3 人間の活動による温室効果ガス排出の最大の原因として考えられているものは何か。最も適当なものを1つ選べ。

① 森林の減少や土地利用の変化
② 化石燃料の消費の増大
③ 風力や地熱などの自然エネルギーの利用
④ 農耕地の増大による光合成の活発化

問4 北極地方の海面の一部は海氷に覆われているが，この海氷がとけると，北極地方の気温はどのように変化するか。以下の語群から選べ。

上昇する　　変化しない　　低下する

問5 都市部では，高層ビルやアスファルトの道路が蓄えた熱が放出されることなどによって，周辺地域よりも気温が高くなることがある。この現象を何というか。

1

問1
問2
問3
問4
問5

知識

2 オゾン層の変化 オゾン層に関する次の各問いに答えよ。

問1 図2は，フロンによってオゾンが破壊される反応を模式的に表したものである。フロンとオゾンを，A～Dからそれぞれ選び，記号で答えよ。

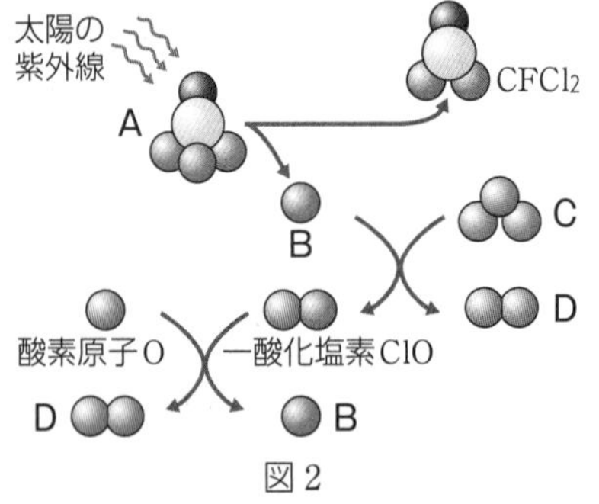

図2

問2 オゾンを分解している原子は，A～Dのうち，どれか。また，その分解している原子の元素名を答えよ。

問3 フロンによるオゾン層の破壊は，大気中のどの領域で行われているか。最も適当なものを，以下の語群から選べ。

対流圏　　成層圏　　中間圏　　熱圏

問4 オゾンホールは，主に地球上のどの地域の上空に現れるか。最も適当なものを，以下の語群から選べ。

低緯度地域　　中緯度地域　　高緯度地域

2

問1 フロン
オゾン
問2
元素名
問3
問4

思考

3 四季の天気 冬，春，梅雨，夏，秋の季節の特徴を最もよく表している説明文を以下のA～Eから，天気図をア～オの中から，それぞれ1つずつ選べ。

A オホーツク海気団と小笠原気団の境界に前線が形成され停滞する。

B 西高東低の気圧配置となり，等圧線が南北に並んで伸びる。

C 小笠原気団が勢力を増し，日本付近を広く覆う。

D 小笠原気団の勢力が衰え，大陸やオホーツク海から寒気団が南下する。

E 移動性高気圧と温帯低気圧が日本付近を交互に通過し，天気は周期的に変化する。

ア

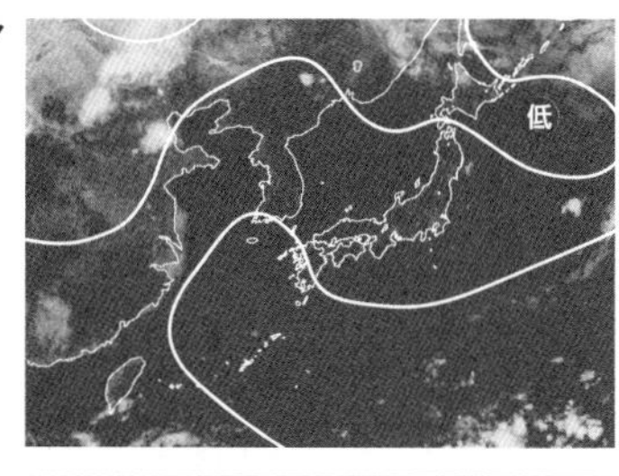

イ

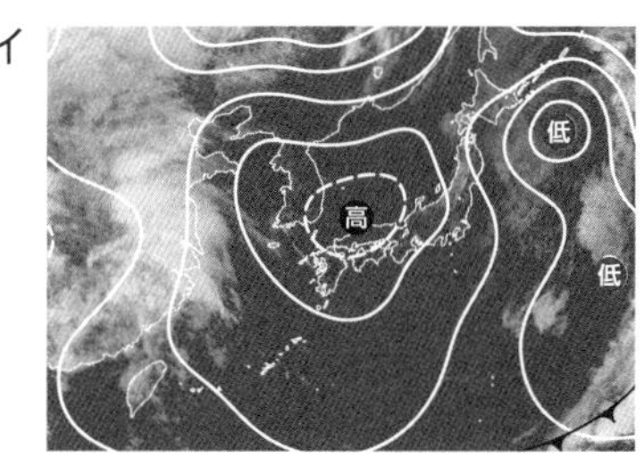

ウ

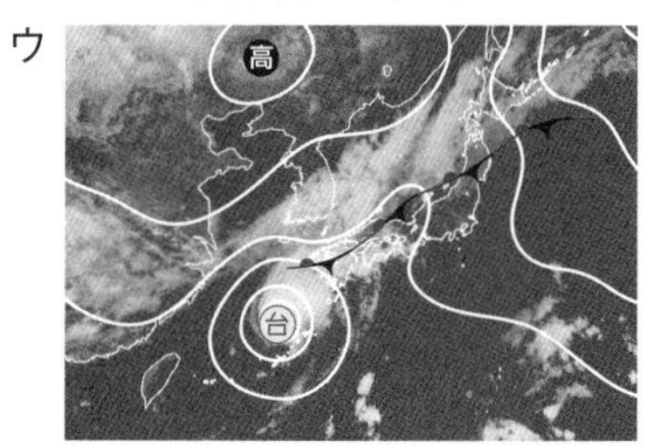

エ

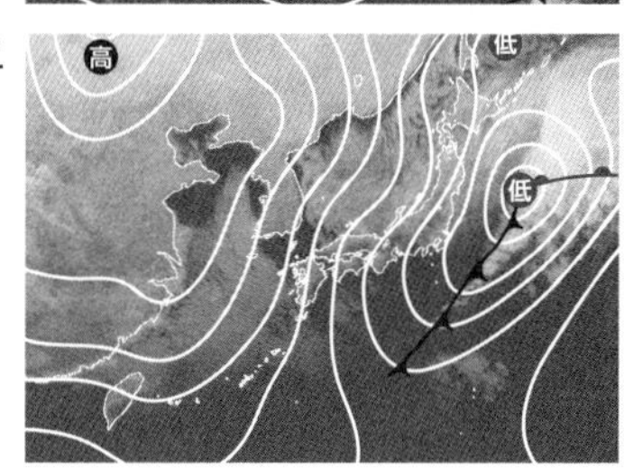

オ

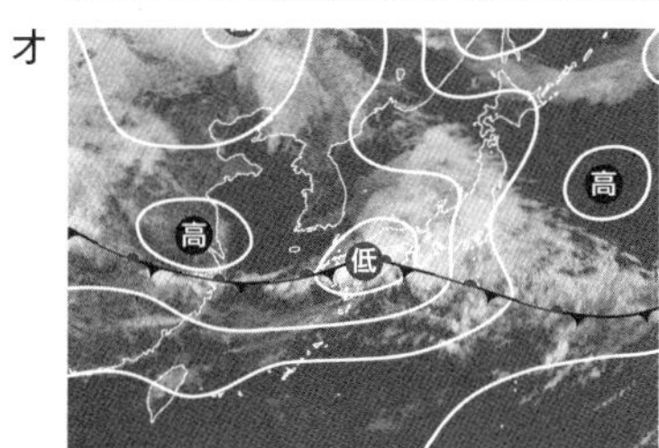

3

	説明	天気図
冬		
春		
梅雨		
夏		
秋		

知識

4 自然災害 自然災害とその対策について，次の各問いに答えよ。

問1 同じ場所に数時間以上にわたって大量の雨が降る現象を何というか。

問2 津波が発生する状況として，最も適当なものを1つ選べ。

① 海底の地盤が急激に隆起や沈降をしたとき。

② 内陸の活断層による直下型地震が発生したとき。

③ 地震動で地層の構造が崩れ，液状化が発生したとき。

問3 地震などによって想定される被害の状況を表した地図を何とよぶか。

問4 次の自然災害は，⑴気象現象，⑵地震，⑶火山活動のうち，どの現象によって生じるか，それぞれ1つずつ選べ。

①高潮　②液状化　③火砕流　④竜巻

4

問1	
問2	
問3	
問4 ①	
②	
③	
④	

ステップアップ
～思考力・判断力・表現力を養おう～

学習日：　　月　　日／学習時間：　　分

例題 高度と気温変化

右の表は，日本国内のある観測点における高度と気温を表している。

問❶ 表の値をもとに高度と気温の関係をグラフに描け。

問❷ グラフから，圏界面の高度はおよそ何 km だと推定できるか。最も適当なものを次の中から選べ。

3 km　　8 km　　12 km　　21 km

問❸ グラフから，この観測点の対流圏の気温減率は 100 m あたりおよそ何℃だと推定できるか。次の中から最も近い値を次の中から選べ。

0.5℃　　0.8℃　　1.2℃　　1.5℃

問❹ 次の図は，それぞれ同じ観測点の 1 月，8 月における高度と気温の関係を表している。両者を比較して，圏界面高度と季節との関係を20字以内で説明せよ。

高度（m）	気温（℃）
130	18.4
1000	9.7
2000	9.2
4300	−6.8
7300	−32.3
9300	−46.5
11900	−59.7
13700	−59.9
16200	−62.5
20500	−59.4
23700	−53.1
28300	−44.8

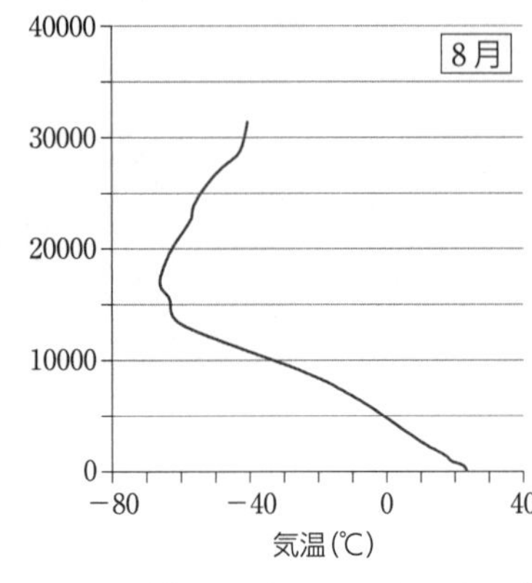

問❺ 圏界面よりも上にある成層圏では，どのような現象がおきているか。次の中から 1 つ選べ。

オーロラの発生　　オゾン層の破壊　　降水

《解答欄》

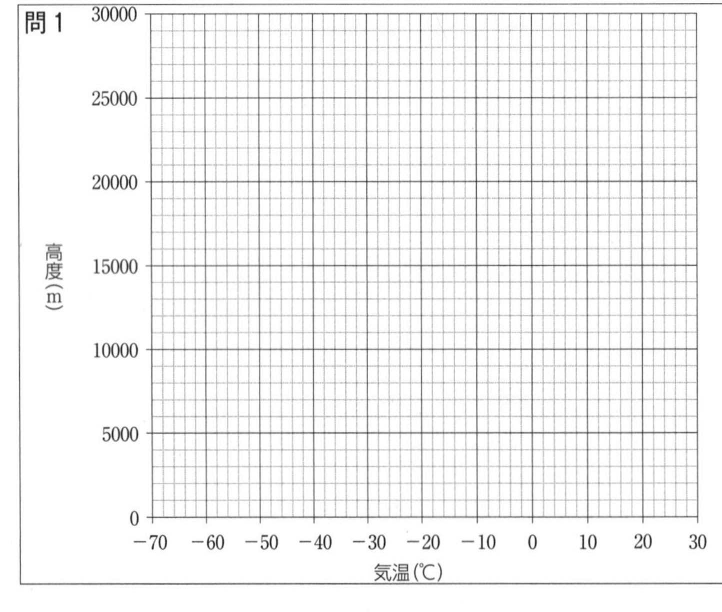

《解答と解説》

問❶ 右図

解説 プロット(点)がはっきりわかるように大きめにとり，全体をなめらかな線で結ぶ。高度 28300m よりも上については，データが無いので線を引かなくてよい。

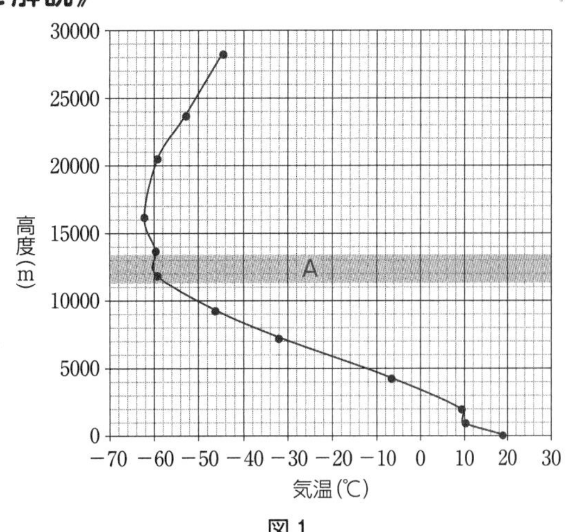

図1

問❷ 12km

解説 圏界面は，対流圏と成層圏の境界である。対流圏では，高度が高くなるほど温度が低下する。一方，成層圏では，高度が高くなるほど温度が上昇することから，温度変化の特徴が変化する高度(図1のA)付近が圏界面の高度だと推定できる。

問❸ 0.8℃

解説 ①対流圏では，高度が高くなるほど温度が低下しており，この変化の割合を気温減率という。図から，対流圏で温度がほぼ一定の割合で減少している範囲を見いだし，近似する直線を引く(図2)。

②直線上の2点を選ぶ(図2のBとC)。2点の位置は，ある程度離れていれば任意でよい。

③2点の座標を読み取り，直線の傾きを求める。直線の傾きが変化率である。図2を例に読み取ると，表のようになる。100m あたりの気温の変化率(直線の傾き) a は，

$$a=\frac{\text{気温の変化量}}{\text{高度の変化量}}\times 100 \quad \text{で求められるので，}$$

$$a=\frac{-50-2}{10000-3200}\times 100=-0.76470\cdots(℃/100\,\text{m})$$

したがって，選択肢の中で最も近い値は，0.8℃である。

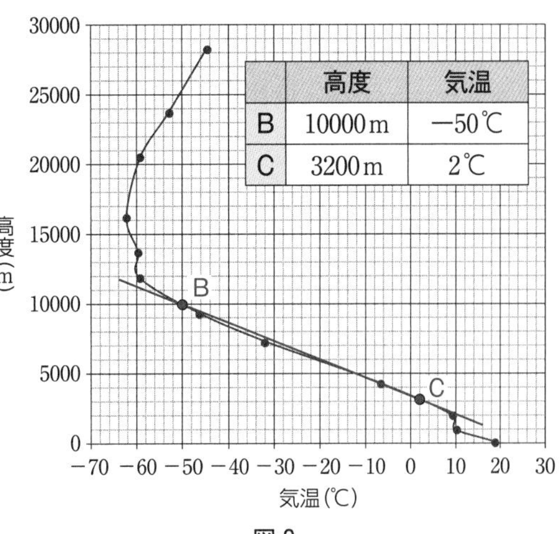

	高度	気温
B	10000m	−50℃
C	3200m	2℃

図2

注意点 p.32では，高度 100m あたりの気温減率を 0.65℃としているが，これは全体の平均の値である。実際には観測点の位置や季節，時刻，天候等によって変化する。

問❹ 圏界面高度は冬よりも夏の方が高くなる。

解説 問1と同様に，圏界面の高度を読み取ると，1月は約 10000m，8月は約 14000m になる(図3)。したがって，1月(冬)は圏界面高度が低く，8月(夏)は圏界面高度が高いことがわかる。

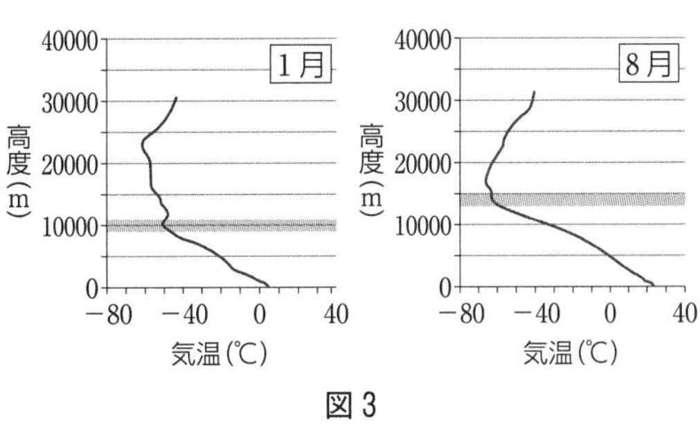

図3

問❺ オゾン層の破壊

解説 オゾンは，成層圏に達したフロンなどによって分解される。オーロラは，熱圏で観測される鮮やかな発光現象である。また，降水などの天気の変化は，対流圏で見られる現象である。

類題1 地震による地殻変動 次の表は1896年を基準とした高知県室戸岬付近(四国)のA～Cの水準点(高さの基準点)の変動を表している。この地域では，1946年12月21日に南海地震($M8.0$)が発生している。

	A	B	C
1896年	0 m	0 m	0 m
1930年	−0.24 m	−0.12 m	−0.02 m
1947年	0.85 m	0.38 m	−0.12 m
1965年	0.64 m	0.27 m	0 m
1980年	0.52 m	0.2 m	0 m

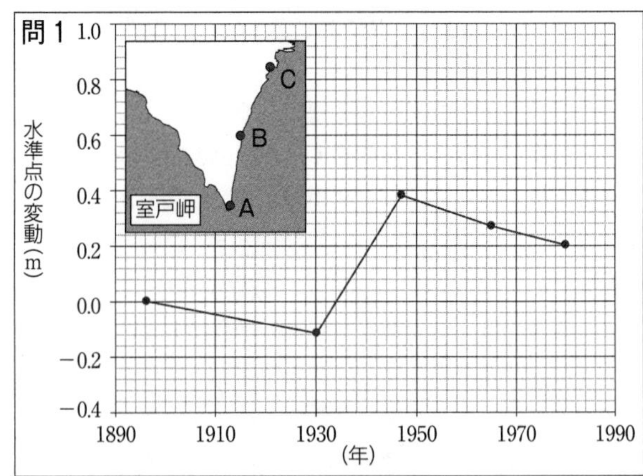

問❶ グラフは，表の値をもとに水準点Bの変動を表したものである。水準点AおよびCの変動を表すグラフを描き加えよ。その際，Aのグラフを青，Cを赤とする。

問❷ 1946年南海地震は，どのようなタイプの地震か。次の中から選べ。

内陸地殻内地震　　プレート境界地震　　海洋プレート内地震

問❸ 地震発生の前後で，急激に隆起が起きた理由を20字以内で説明せよ。

問❹ 地震発生の前後で，地殻変動が最も大きかった水準点を1つ選べ。

問❺ 1946年南海地震では，津波が発生し，大きな被害が出た。津波の特徴を，次の中から2つ選べ。

① 津波が海岸に近づくと波高が高くなる。
② 奥になると幅が狭くなる入江では，波高は低下する。
③ 津波は，海面付近の水だけが動く波である。
④ 海水の流入と流出は，くり返しおこることがある。

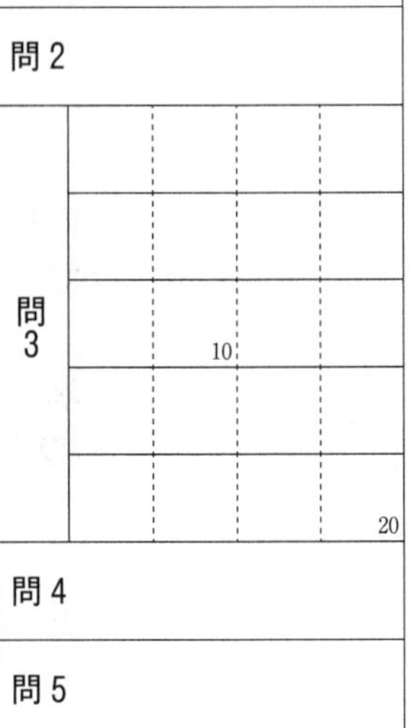

類題2 生物の変遷と大量絶滅 図1は，顕生代における海生無脊椎動物の属の数の変化を表している。顕生代には，5回(①～⑤)の大量絶滅がおきた。

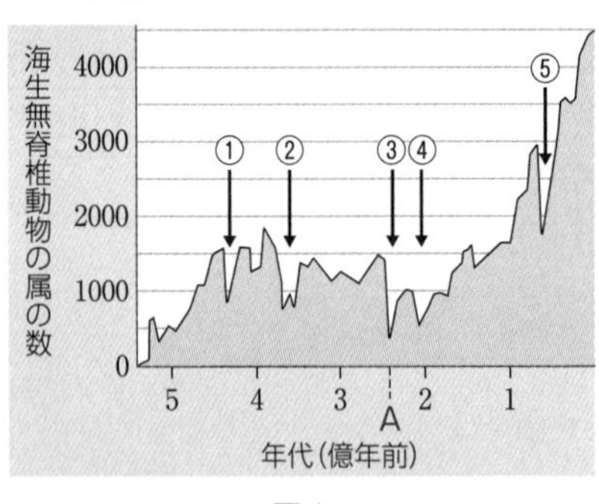

図1

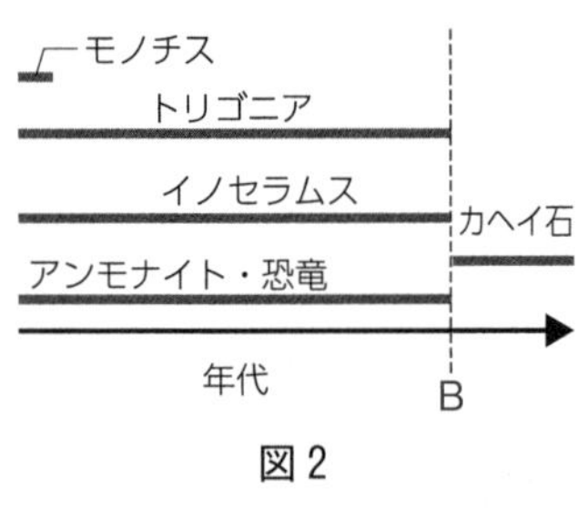

図2

問1
問2
問3

問❶ Aの時期に始まる地質時代を，次の中から選べ。

古生代　　中生代　　新生代

問❷ 図2は，ある時期の生物の生存期間を表している。Bのころにおきた大量絶滅を，図1の①～⑤から選べ。

問❸ このとき地球に衝突した隕石は，小惑星であったとする考えがある。小惑星が多く存在する場所を，次の中から選べ。

金星と地球の間　　地球と火星の間　　火星と木星の間

写真提供：気象庁，JAXA，東大など，NASA

新課程版　**ネオパルノート地学基礎**

2022年１月10日　初版　第１刷発行
2025年１月10日　初版　第４刷発行

編　者　第一学習社編集部
発行者　松本 洋介
発行所　株式会社 第一学習社

広島：広島市西区横川新町７番14号　〒733-8521　☎ 082-234-6800
東京：東京都文京区本駒込５丁目16番７号　〒113-0021　☎ 03-5834-2530
大阪：吹田市広芝町８番24号　〒564-0052　☎ 06-6380-1391

札　幌	☎ 011-811-1848	仙台	☎ 022-271-5313	新　潟	☎ 025-290-6077
つくば	☎ 029-853-1080	横浜	☎ 045-953-6191	名古屋	☎ 052-769-1339
神　戸	☎ 078-937-0255	広島	☎ 082-222-8565	福　岡	☎ 092-771-1651

訂正情報配信サイト 47344-04
利用に際しては，一般に，通信料が発生します。

https://dg-w.jp/f/ec4cb

47344-04

ISBN978-4-8040-4734-8

■落丁，乱丁本はおとりかえいたします。
ホームページ
https://www.daiichi-g.co.jp/

Puzzle A

クロスワードパズル

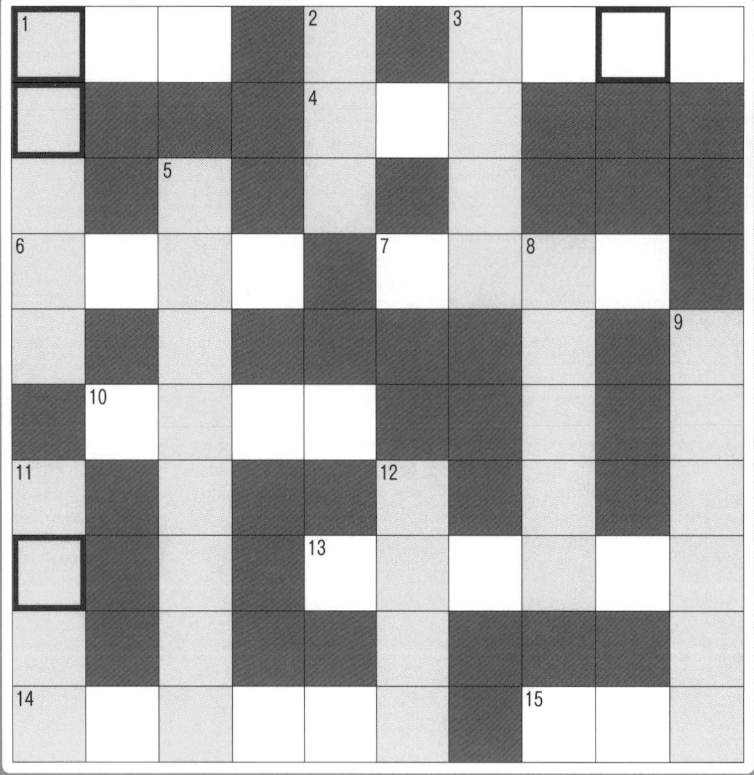

写真の人物

ヨコのカギ

1 地球表層部の薄い岩石層。

3 水温躍層の下にある，深さとともに極めて緩やかに水温が低下する層。

4 原子や分子が電子を失ったり，受け取ったりして，電荷を帯びた粒子。

6 海底に連なる，細長い溝状の大地形。

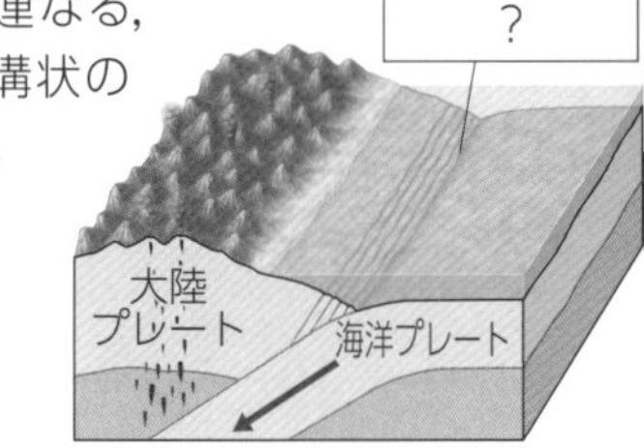

7 地表に噴出したマグマ。

10 いくつかの地域に分かれて水平方向に移動する，リソスフェアの１枚１枚。

13 １日を周期として，海風と陸風が交代する風。

14 地層が波状に曲がった変形。

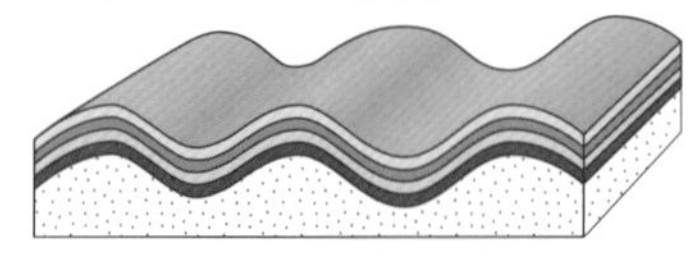

15 本震に引き続いておこる地震。

タテのカギ

1 夏季の○○○○○圏と熱圏の境界付近では，夜光雲が見られることがある。

2 ある場所の上部にある○○○の重さによって生じる圧力を気圧という。

3 震源の真上の地表の点。

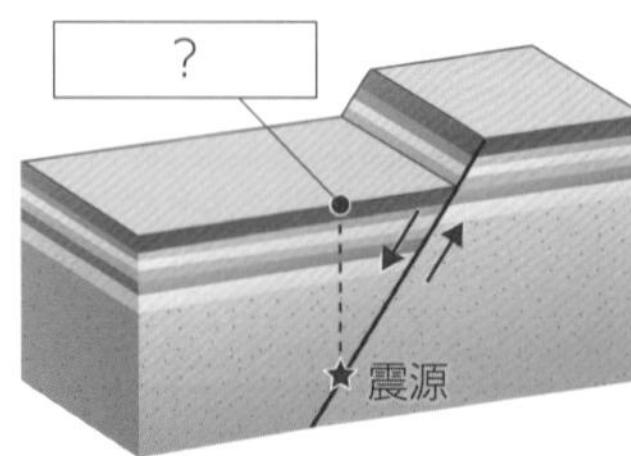

5 両側の地盤が互いに横にずれる断層。

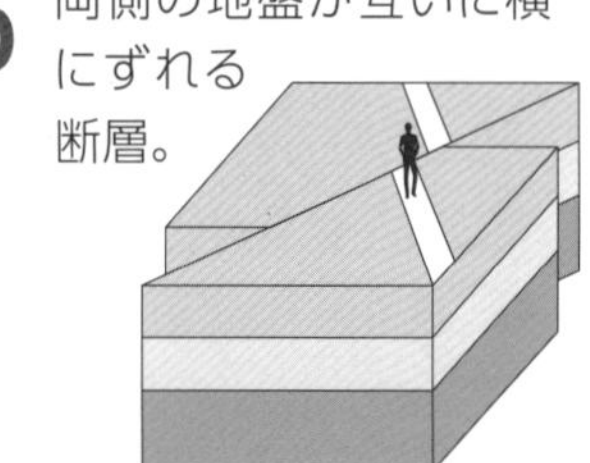

8 マグマが，鉛直に近い方向に広がる脈状に貫入したもの。

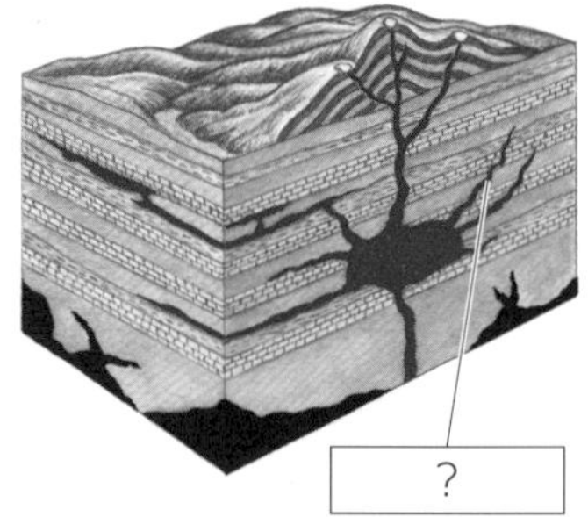

9 太陽放射のエネルギーの約半分を占めている電磁波。

11 火山砕屑物のうち，多孔質で白っぽいもの。

12 地球の核のうち，深さ2900～5100 km の液体の層。